普通高等教育"十四五"规划教材

生物化学实验指导

第3版

张宽朝　韩　毅　主编

中国农业大学出版社
·北京·

内 容 简 介

本教材介绍了生物化学实验基础知识、常用生物化学实验技术，选编了内容涵盖糖类化学、脂质化学、蛋白质化学、酶学、核酸化学、新陈代谢等的实验项目，并设置了综合性、设计性实验。附录汇集了常用缓冲溶液的配制、实验室常用参考数据等内容，便于读者查阅。

本教材突出基础，强调实用，坚持适用，努力创新，可操作性强，紧扣生物化学实验技术的核心知识，注重实验科学的系统性、先进性、启发性，强调生物化学最基本的实验基础、实验方法和生物化学基本技术，强调学生实践能力和创新精神的培养和塑造。

本教材适用于高等农业院校、高等师范院校和综合性大学生物科学类、植物生产类、动物生产类、环境科学与工程类、食品科学与工程类等相关专业的教学实验，也可供从事相关领域科学研究人员和企业技术人员参考使用。

图书在版编目（CIP）数据

生物化学实验指导 / 张宽朝，韩毅主编． --3 版． --北京：中国农业大学出版社，2025.4． --ISBN 978-7-5655-3416-4

Ⅰ．Q5-33

中国国家版本馆 CIP 数据核字第 20255CT533 号

书　　名　生物化学实验指导　第 3 版
Shengwu Huaxue Shiyan Zhidao

作　　者　张宽朝　韩　毅　主编

策划编辑	张秀环	**责任编辑**	赵　艳
封面设计	郑　川　李尘工作室		
出版发行	中国农业大学出版社		
社　　址	北京市海淀区圆明园西路 2 号	**邮政编码**	100193
电　　话	发行部 010-62733489，1190		读者服务部 010-62732336
	编辑部 010-62732617，2618		出　版　部 010-62733440
网　　址	http://www.caupress.cn	**E-mail**	cbsszs@cau.edu.cn
经　　销	新华书店		
印　　刷	北京溢漾印刷有限公司		
版　　次	2025 年 4 月第 3 版　　2025 年 4 月第 1 次印刷		
规　　格	185 mm×260 mm　　16 开本　　9.5 印张　　214 千字		
定　　价	36.00 元		

图书如有质量问题本社发行部负责调换

第 3 版编审人员

主　编　张宽朝　韩　毅

副主编　魏练平　金　青　刘　鑫

参　编　（按姓氏笔画排序）

马　欢　王传宏　孙　锋　何孔泉

余江流　汪　曙　张　琛　蒋而康

主　审　谢彦杰

第 2 版编写人员

主　编　张宽朝　金　青

副主编　余　梅　吴　彦　魏练平

参　编　（按姓氏笔画排序）

马　欢　王传宏　王朝霞　龙雁华　刘　鑫

阮　飞　孙　锋　芮　斌　何孔泉　余江流

汪　曙　张　琛　陶　芳　商　飞　蒋而康

第 1 版编写人员

主　编　金　青

副主编　余　梅　张宽朝

参　编　（按姓氏笔画排序）

马　欢　文　汉　龙雁华　阮　飞　孙　锋

芮　斌　何孔泉　汪　曙　张　琛　陶　芳

蒋而康　魏练平

第3版前言

生物化学以实验为基础，是生命科学类、植物生产类、动物生产类、环境科学与工程类、食品科学与工程类等专业的基础核心课程，是一门实验性、实践性很强的课程。生物化学实验教学不仅能加深学生对生物化学实验基本原理、基础知识的理解和掌握，而且在培养学生实践能力、创新精神以及塑造学生严谨求实的科学态度、提升学生的社会责任感等方面具有不可替代的作用。

随着高等教育教学改革的深入发展，原有生物化学实验教材在实验教学的系统性、实用性、先进性、启发性等方面都存在不同程度的不足。为落实党的二十大精神，适应教育教学新基建的要求，服务高质量本科教育攻坚行动，我们结合专业教学改革实际，提升教材内容的深度和广度，在认真总结教学研究和教学改革经验的基础上，修订编写了本教材。

本教材突出基础，强调实用，坚持适用，努力创新。本教材既有生物化学实验基础知识、常用生物化学实验技术的介绍，以增强学生对生物化学实验的感性认知，了解生物化学实验常用基础知识以及生物化学实验技术的基本原理、方法和应用，又有内容涵盖糖类化学、脂质化学、蛋白质化学、酶学、核酸化学、新陈代谢等的生物化学实验项目的选编，形成基础性、综合性、设计性3个层次的实验训练体系，满足不同专业学生对生物化学实验学习的需求，培养学生的实践能力和创新能力。本教材附录汇集了常用缓冲溶液的配制、实验室常用参考数据等内容，便于读者查阅。

本教材通俗易懂、可操作性强，可作为高等农业院校、高等师范院校和综合性大学相关专业学生、教师的实验教材和参考书，也可供相关领域的科技工作者和技术人员参考使用。

本教材在编写中借鉴和引用了国内外同行专家、学者已出版的优秀教材与资料，在此对相关作者表示衷心感谢！

本教材编写出版过程中得到安徽农业大学教务处和中国农业大学出版社的大力支持和指导帮助，在此一并致以衷心感谢！

全书由南京农业大学谢彦杰教授担任主审，致以诚挚谢意！

本教材编写出版过程中，编者力求严谨、准确，但限于学识水平与能力，书中错误及疏漏难免，恳请读者批评指正。

编　者

2024年11月

第 2 版前言

生物化学是关于生命的化学，是生命科学类、植物生产类、动物生产类、环境科学与工程类、食品科学与工程类等相关学科和专业的基础核心课程。生物化学是一门实验性学科，生物化学实验技术日益成为当代生命科学及相关学科研究的重要手段，生物化学实验技术和方法的改进直接推动了生命科学及其相关学科领域的飞速发展。生物化学实验技术的训练，对加深学生理解和掌握生物化学实验基本原理和基础知识，加强学生对生物化学实验操作技术的实践和运用能力的培养，提升学生的观察、分析和解决问题的综合能力，塑造学生的团队合作意识和严谨的科学实验态度等都起着十分重要的作用。

《生物化学实验指导》第 2 版是在第 1 版的基础上，结合新形势下生物化学实验教学研究和教学改革的经验体会，对第 1 版教材进行了大量修订编写而成的。全书以技术方法为主线，在传统验证性实验的基础上，增加设计性、研究性和综合性的实验项目，构建基础性、综合性、设计性 3 个层次的实验教学课程体系，既努力体现课程内容的创新性、实践性、先进性的特点，又兼顾不同学科、不同专业学生对生物化学实验学习的需求。

《生物化学实验指导》第 2 版共收集了 38 个实验，分为基础性实验、综合性实验、设计性实验 3 个单元，内容涵盖糖类化学、脂质化学、蛋白质化学、酶学、核酸化学，新陈代谢六大方面的研究技术，既有经典的物质提取、分离、定性鉴定、定量测定实验，也有广泛应用的 DEAE-纤维素薄板层析、等电聚焦电泳等新技术。书后附录包括常用仪器的使用方法、常用缓冲溶液的配制方法、实验室常用参考数据等内容，便于读者查阅。

本教材由来自安徽农业大学、安庆师范大学、合肥师范学院的教师共同参与编写，融合了编者们多年从事生物化学实验教学实践的心得和对一些实验方法改进所做的有益尝试。本书实验内容均经过各位编委多年的实验教学及科研工作的反复验证，同时也参考了一些报道的其他研究方法，均为成熟的操作。本书可用于高等农业院校、高等师范院校及综合性大学生物科学类、植物生产类、食品科学与工程类、环境科学与工程类、动物生产类等相关专业的本科或研究生实验教学，也可供相关领域的科技工作者参考使用。

本教材在编写中借鉴和引用了国内外一些优秀教材与资料，在出版过程中得到安徽农业大学教务处、教材中心和中国农业大学出版社的大力支持和帮助，在此一并致以衷心的感谢！

在教材编写和出版过程中，编委们精益求精，突出基础，力求简练、实用，方便教学，但鉴于编者水平有限，书中错误及疏漏之处在所难免，敬请各位读者批评指正。

编　者

2019 年 1 月

第1版前言

生物化学是一门实验性科学，是农、林、医等院校相关专业重要的学科基础课程，生物化学实验技术日益成为当代生命科学及相关学科研究的重要手段，生物化学实验技术和方法的改进直接推动了生命科学及其相关学科的飞速发展。加强生物化学实验教学，掌握生物化学的实验技术、基本原理以及研究过程，不仅使学生加深对生物化学基本原理、基础知识的理解，而且对培养学生分析问题、解决问题的能力和严谨的科学态度及提高科研技能等都具有十分重要的作用。

为了培养学生的创新思维和实践能力，我们进行了教学改革，重组了实验教学内容，在传统验证性实验基础上，适当增加了一定比例的综合性、设计性实验，将全书实验内容整合为"基础实验""综合性实验""设计性实验"3大板块。在实验教学改革实践中，建立了既突出生物化学专业特色，又能提高学生基本实验技能、培养综合创新素质的实验教学体系。

《生物化学实验指导》共收集了36个实验，包括糖类、脂类、蛋白质、核酸、酶、生物代谢六大方面，既有常用的物质提取、分离、定性鉴定、定量测定实验，也有广泛应用的DEAE-纤维素薄板层析、各种凝胶电泳等新技术，对于一些传统经典而有特色的实验和方法仍作保留。在编写风格上，突出基础，简明、实用。本书强调生物化学的最基本实验原理、基本技术和方法，实验所用材料简单易得，尽量避免使用昂贵的器材。每个实验详细列出所需仪器、材料、试剂及其配制方法，且对于学生实验中易出错处及实验关键处，在注意事项中特别列出作为提示指导。书后附录部分更新了当前生物化学实验室常用仪器的使用方法介绍，并附常用数据表及常用试剂的配制等内容，可供读者查阅。

本书实验内容经过实验教学及科研的反复验证，同时也参考了其他一些研究方法，均为成熟的操作。本书可作为高等院校及专科院校生物、农、林、医等相关专业的本科教学实验教材，也可供高等师范院校、综合性大学相关领域的科技工作者参考使用。

书中借鉴了国内一些优秀教材与资料，在此表示衷心的谢意！本教材出版得到安徽农业大学教务处、教材中心和中国农业大学出版社的大力支持和帮助，在此一并表示感谢！

本教材融合了编者自身多年从事生物化学教学实践的心得和对一些实验方法改进所做的有效尝试。鉴于编者水平有限，书中必存在不当之处，真诚希望能得到广大读者的批评指正。

编　者

2014年5月

目　录

第一章　绪　论

第一节　生物化学实验的主要任务和目的

生物化学实验课程以培养高等学校本科学生的科学素质、知识能力和创新精神为教学目的，使学生获得相关生物化学实验的基本理论、基本知识和基本操作技能。通过生物化学实验课程的学习，学生可以通过实验验证所学的生物化学理论知识，加深对生物化学理论知识的理解，掌握分光光度计、离心机、电泳仪、层析系统等常用生物化学仪器的工作原理及操作方法，掌握糖、脂、蛋白质、核酸等生物分子的提取及测定的原理及方法，学会并掌握离心、电泳、层析等常用生物化学实验技术的基本原理和操作方法，能够对实验数据进行处理、对实验结果进行综合分析。

通过本课程的教学活动，训练学生熟悉和掌握设计一个实验的基本思路，训练学生科学的实验方法和实验技能，训练学生学会严密地组织自己的实验、合理地安排实验步骤和时间，培养学生分析和解决问题的能力以及严谨、求实、细致的科学态度和科学作风、创新能力等综合素质。

通过本课程的学习，使学生经过提出问题、查阅资料、设计方案、动手实验、观察现象、测定数据、处理数据等实验过程和环节的训练，提高实验能力，塑造实验素养，能够运用所学知识对专业相关领域的复杂问题开展系统分析和研究，提出相应的对策和建议，进而解决问题，为专业课的学习和专业技能的培训奠定良好的基础。同时，通过本课程的学习和实验的训练，培养学生具有一定的学科交叉能力，能在多学科、多元文化团队中进行有效的沟通交流，培养学生团结协作、谦虚好学、勤奋不懈、求真务实、开拓创新等科学品德和精神，以及整洁、节约、准确和有条不紊的良好实验习惯，发展学生的规范意识和社会责任意识，培育学生的工匠精神、职业素养、敬业精神，使其成为具有现代化、系统化知识、能力和素养的高素质人才。

第二节　生物化学实验的课程内容、特点与学习方法

一、生物化学实验的课程内容

生物化学实验是高等院校相关专业必修的一门基础课，课程主要介绍生物化学实验原理、实验方法、实验手段和实验操作技能。生物化学实验课程内容涵盖了糖类化学、脂

质化学、蛋白质化学、酶学、核酸化学、新陈代谢等六大方面的研究技术，综合运用了定量分析技术、层析技术、电泳技术、生物大分子制备技术、酶学技术及免疫学技术等现代化技术手段。生物化学实验既有一般性的验证性实验，也有综合性、研究性、设计性实验；既有围绕生物化学基本原理开设的实验项目，也有与科研生产、实践应用紧密联系的物质制备、分离纯化、性质分析的实验项目。

通过生物化学实验课程的系统学习和训练，要求学生熟悉并掌握生物化学研究领域中重要而又常用的基本技术，主要包括生物材料的理化分析和检测技术，生物分子基本的分离、纯化、鉴定技术，如离心、沉淀、吸附、盐析、透析、电泳、层析等，并在实验基础上深入理解构成生物体的主要化合物的化学组成和理化性质及其在生物分子分离、分析和鉴定方面的应用，为进一步学习专业课程、开展科研创新实践奠定扎实的理论基础和技术基础。

按照一般的研究思路和实验流程，生物化学实验主要内容可以分为以下 4 个方面。

1．生物大分子的制备

生物大分子的制备过程如下：

①材料的选择和预处理。综合考虑目的、来源、工艺和成本等因素，选择实验材料和预处理方法。

②细胞的破碎和细胞器的分离。破碎细胞可采用机械法（研磨、组织捣碎等）、物理法（超声波、压榨、冻融等）或化学生物法（溶胀、自溶、化学处理、生物酶降解等）。分离细胞器可采用在适当介质中进行差速离心的方法。

③提取（抽提、萃取）。经过处理和破碎的细胞置于一定条件和溶剂中，让被提取的生物大分子充分释放出来。

2．生物大分子的分离纯化

从细胞中提取出来的生物大分子还是不纯的，常含有多种同类或者异类物质，必须经过进一步的分离纯化处理才能获得纯品。

分离纯化的依据和方法主要包括：①依据分子大小和形状不同，可采用差速离心、超滤、凝胶层析或透析等方法；②依据溶解度不同，可采用盐析、逆流分配或结晶等方法；③依据分子表面电荷不同，可采用电泳、电渗析、等电点沉淀、离子交换或吸附层析等方法；④依据生物学功能专一性不同，可采用亲和层析等来分离、纯化某一物质。

3．生物大分子的定性、定量分析

对生物大分子进行定性、定量分析的常用方法包括电泳技术、层析技术、比色分析技术和离心技术等。随着分子生物学的迅猛发展，生物大分子的定性、定量分析还常采用分子杂交技术（印迹技术）、聚合酶链式反应（PCR）技术、基因芯片技术、蛋白质芯片技术等。此外，放射性同位素技术、免疫化学技术、电子显微镜技术等也在生物大分子的定性、定量分析中具有很大的应用价值。

4．生物大分子的加工和改造

对生物大分子进行加工和改造常用的方法包括基因工程、蛋白质工程、酶工程和发酵工程。

二、生物化学实验的课程特点

作为一门实验性学科，生物化学实验课程具有以下特点。

1. 新的实验方法不断出现

生物化学实验主要是运用化学原理和方法设计的科学实验。作为生命科学中领头学科之一，生物化学学科发展迅速，相关知识已渗透到生命科学的各个领域，尤其是生物化学的各种现代实验技术和研究方法迅速向各学科渗透，使生命学科的各个领域的研究充满活力，细胞生物学、分子遗传学、神经解剖学、临床医学等学科的飞速发展都与生物化学实验技术的发展紧密联系。

2. 微量和定量趋势明显

随着生物化学实验技术和方法的进步，用于生物化学检测的大多数样品已经实现了微量和定量分析。当然，在生物化学实验技术的工程化应用中也存在大量分离制备，可高达千克级。此外，因为定量测定能更好地解释物质数量和质量的变化，生物化学实验大多是定量测定。基于上述原因，生物化学实验需要严格的条件，这就要求实验者必须严格遵守所规定的实验条件，以期望得到正确的结果。

3. 生物活性材料

生物化学实验通常涉及生物大分子和生物材料的检测。生物化学实验材料通常取自生物体的组织和器官，甚至是活的生物体，因此，应根据实验的需要进行定时、定位地取样。有时，还要根据实验设计的需要，自行饲喂动物，以便人为地控制新陈代谢。生物材料的组成极其复杂，常包含几百乃至几千种化合物，增加了分析研究的难度。

4. 操作条件温和

生物化学实验往往需要相对温和的操作条件和实验环境，温度、pH、离子强度等参数的综合影响往往难以准确估计和判断，因此，需要根据研究对象性质优化研究条件，使对所研究组分的天然结构和功能的损害尽可能降低至最小。

5. 结果区分度高

生物化学实验有先进的技术手段，实验设备和仪器的现代化程度较高，实验结果分辨率高，可明确区分结构或性质极其相似的物质。

6. 与实践联系紧密

生物化学实验技术与农业生产、食品加工、临床医学等密切联系，如作物良种选育和食品生产加工过程中的生化分析、医疗工作中测定有关的生化指标作为诊断疾病的主要依据等均是生物化学实验技术在实践中的有效应用。

三、生物化学实验的学习方法

生物化学实验是采用生物化学的原理和方法探究生命现象化学本质的实验科学。它是生命科学类、植物生产类、环境科学与工程类、动物生产类等各专业重要的专业基础实验课程。通过生物化学实验理论学习、实验技术训练及实验技术的综合应用，可以为应用生物化学实验技术进行科学研究和后续工作实践奠定基础。

要学好生物化学实验，需要科学的学习方法，应做好以下5个方面。

1. 充分预习

充分预习是学好生物化学实验的前提和保证。在实验课前应认真预习实验教材，明确实验的目的要求，初步了解实验的原理、方法、操作步骤，写出预习报告，明确实验的研究内容和所要解决的问题。通过课前的充分预习，可以深入地理解实验原理，初步掌握实验操作步骤和关键注意事项，对实验做到心中有数，实验中才能有的放矢，收到成效。

2. 规范操作

规范、认真的操作是培养和提高学生实践动手能力的关键。通过按拟定的操作步骤和计划、方案进行实验操作，可以进一步巩固预习效果，掌握实验技术的操作要点、仪器设备的操作规范等，提高实际动手操作技能。

3. 观察记录

实验环节中对实验现象的仔细观察和对实验数据的及时如实记录是提高实验能力的重要环节。对实验现象的观察和对实验数据的记录是积极思维的过程，是综合实验能力的重要方面和科研工作者的基本素质之一。

4. 归纳分析

对实验数据的归纳和对实验结果的综合分析解读是学好生物化学实验的根本。生物化学实验教学的最终目的在于提高学生的创新思维、创造能力。通过对实验现象与结果的整理、归纳、分析，将实验原理、实验操作、实验结果等融会贯通，极大提高分析问题、解决问题的能力。

5. 实验报告

实验报告是将对实验的感性认知提高到理性认知的有效载体。按时按质按量地完成实验报告是对实验过程的总结和再思考，是综合实验能力培养的重要方式。

第三节　生物化学实验记录与实验报告

一、实验记录

详细、准确、如实地做好实验记录是实验科学研究过程中极为重要的一个环节，也是生物化学实验课程中培养学生实验能力和养成严谨的科学作风的一个重要方面。

实验中应及时准确地记录所观察到的现象和测量的数据，做到条理清楚、字迹端正。实验记录必须公正、客观，不可夹杂主观因素，即使观测的数据相同或偏差很大，也都应如实记录，不得涂改。实验记录要注意有效数字。不得用铅笔记录，只能用钢笔或圆珠笔。

二、实验报告

实验结束后，还需要对实验现象进行解释，并整理和总结实验数据，写出实验报告。实验报告要体现原始性、纪实性、实验性的特征，要把实验中所有原始数据和要观察的实验现象都写上作为今后参考的依据。

实验报告的形式可参照下列格式。

实验名称

一、实验目的与要求

二、实验基本原理

三、实验简要操作步骤与注意事项

　1. 实验简要步骤

　2. 注意事项

四、实验现象与结果

五、实验结果分析与讨论

六、作业与思考

在实验报告中，目的、原理以及操作步骤部分应进行简单扼要的叙述。"实验目的与要求"主要指实验预期应达到的教学要求。"实验基本原理"应简明地阐述实验设计所依据的理论根据，内容包括实验设计的整体思路、通过特定方法达到的目的，以及实验现象与结果出现的原因和重要实验步骤设计的根据等。"实验简要操作步骤"描述实验操作过程及方法，不能完全照抄实验指导书，应注意有所侧重，重点难点突出：对实验操作中的关键步骤和环节必须详细描述，其他实验步骤可简明扼要地一一写出，指明操作、分析的要点，也可采用工艺流程图、反应式或以表格的形式按照先后顺序表示。实验步骤一定要写得准确明白，以便他人能够重复验证。"注意事项"往往是事关实验成败的关键性要点，必须认真梳理总结，描述清楚。

对于实验报告的"实验现象与结果"部分，应根据实验的要求如实记录实验过程中测得的各项原始数据、观察到的各种实验现象。

"实验结果分析与讨论"主要涵盖对实验数据的整理和归纳、对实验现象的分析和解读、对实验结果的讨论与思考等，应尽量总结成各类图表，如对原始数据及其处理的表格、制作的标准曲线图、实验组与对照组实验结果对比图表等。此外，该部分还可以包括：①对实验获得的正常结果和过程中出现的异常现象的探讨；②对实验设计、实验方法的体会、认识以及提出的合理的改进性意见；③对教师提出的探究性问题的解答、探讨和思索；④对实验技术所基于的原理的深入理解和思考；⑤对实验所涉及的基本技术和技能训练的心得体会。

第二章　生物化学实验基础知识

第一节　生物化学实验室规则

生物化学实验室是培养学生科学、严谨的学习态度和工作作风，学习生物化学实验技术基本知识，训练并掌握生物化学实验技术的重要场所。学生应严格遵守生物化学实验室的规则，养成良好的实验习惯和实验规范，不断提高生物化学实验技术的运用和实践能力。

1. 实验室的一般要求

(1)为确保实验室的正常秩序，学生都应该自觉遵守实验室的纪律，不迟到、不早退、不得大声喧哗、打闹、吸烟、进食、喝水、穿拖鞋或背心参加实验。

(2)实验前必须预习实验指导书，明确实验要求、原理、所做内容、注意事项、预期结果。

(3)实验时要集中思想、严格操作，发挥独立思考和分析判断能力，培养严肃的科学态度。如实验结果不佳，必须查找原因和重做，直至结果满意为止。

(4)操作中必须认真、专心，并及时地记录实验现象、结果和数据，严禁相互抄袭，课后写出实验报告，按时交给老师。

(5)学生对实验的内容和安排不合理的地方，可大胆提出改革创新的一些建议，对实验中出现的一些异常现象应进行探讨，并大胆提出自己的见解，营造生动、活泼、主动和谐的氛围。

2. 仪器的使用、清洁和保养

(1)对于常用仪器，实验前必须按仪器清单进行清点，并负责保管，若有缺损则报告老师并换领，若由于操作不当造成仪器损坏时应如实向指导老师报告，补领并在损坏仪器簿上登记。

(2)做好实验室环境和仪器的清洁。整洁是做好实验的重要前提，实验台面、试剂和药品架必须保持整洁，仪器、药品的摆设要井然有序，勿使试剂、药品撒在实验台面或地面上。

(3)实验完毕必须将药品、试剂排列整齐，玻璃仪器必须及时洗涤(用洗衣粉加去污粉混合)，按顺序倒置放好，经指导老师检查后，方可离开实验室。

(4)贵重、精密仪器要谨慎使用，非本次实验所用的仪器未经老师允许不得随意乱动。本次实验需使用的仪器，使用前先了解其使用方法，在老师的指导下操作。

(5)认真操作,保持整洁,防止震荡或跌落。仪器使用后认真填写记录本,如有故障,务必详细、认真检查。

(6)实验室的一切物品,未经本室教师许可,严禁带出室外。

3. 试剂的使用规则

(1)使用试剂前一定要仔细辨认标签,看清试剂名称、浓度是否为本实验所用。

(2)使用药品试剂和各种物品必须注意节约,特别要保持药品和试剂的纯净,公用试剂用毕,立即将瓶塞盖严,切勿盖错,放回原处。未用完的试剂不得倒回瓶内。

(3)使用有毒或腐蚀性较强的试剂尽可能用量筒量取,若必须用吸管时,一定使用洗耳球,切勿用嘴吸取,以免造成意外。

(4)实验室所用的易燃物品,如乙醚、石油醚、乙醇等有机溶剂使用时严禁明火,远离火源。若需加热,使用水浴,不可直接在电炉上加热。

(5)凡使用有毒的试剂如 HCl、$HgCl_2$ 等均应在通风处进行,以免造成人体危害。实验室若发生起火事件,根据发生火情性质分别采用砂、H_2O、CO_2 或 ClH_4 等灭火器扑灭。

(6)若操作不小心将强酸、强碱溅到皮肤上,应立即用大量自来水冲洗。若被强酸灼伤,用饱和 $NaHCO_3$ 溶液中和。若被碱灼伤,用饱和 H?O_3 溶液中和。若被氧化剂伤害,用 $Na_2S_2O_3$ 处理。

(7)酸碱废液体可倒入水槽内,同时放水冲走。强酸、强碱溶液必须先用水稀释。废纸屑及其他固体废物和带渣滓的废物应倒入废品缸内,不能倒入水槽或到处乱扔。

(8)离开实验室时,一定要切断电源、火源、水源以确保安全。

4. 实验室的清洁与卫生

(1)实验室的环境始终要保持清洁、文明。不得随地吐痰,不准乱丢、乱倒废物(如滤纸、滤渣、碎玻璃等)。要倒入废液缸或指定的回收容器中。

(2)实验结束,应清理使用过的仪器、实验台面、并将仪器统一摆放整齐。

(3)实验结束,值日生负责当天实验室的卫生,检查每组的实验台面、仪器的清理、摆放并拖洗地面和做好实验室安全等服务性工作(检查水龙头是否关紧,电源插头是否拔掉),经检查完毕方能离开实验室。

第二节 生物化学实验试剂与配制

一、生物化学实验室用的纯水

生物化学实验中大部分用于溶解、稀释和配制溶液的溶剂是水,都必须先经过纯化,经常使用的多为蒸馏水或去离子水。根据实验分析的要求不同,对水质的要求也随之不同。

蒸馏水是将自来水在蒸馏装置中加热汽化，然后将蒸馏水冷凝制得。由于杂质离子一般不挥发，所以蒸馏水中所含杂质比自来水少得多，比较纯净但仍有少量杂质。为了获得比较纯净的蒸馏水可以进行重蒸馏，如果要使用更纯净的蒸馏水，可进行第三次蒸馏或用石英蒸馏器再蒸馏。

去离子水是使用自来水通过离子交换树脂柱后所得的水。制备时，一般将水依次通过阳离子交换树脂柱、阴离子交换树脂柱及阴、阳离子树脂混合交换柱。这样得到的水纯度比蒸馏水纯度高。

二、化学试剂

(一)化学试剂的分级

试剂的纯度对分析结果准确度的影响很大，不同的实验分析对试剂纯度的要求也不相同。为正确使用试剂必须了解试剂的分级标准(表 2-1)。

表 2-1　化学试剂的分级

项目	等级				
	一级	二级	三级	四级	
中文标志	保证试剂 优级纯	分析试剂 分析纯	化学试剂 化学纯	化学用 实验试剂	生物试剂
英文标志	GR	AR	CP	LR	BR 或 CR
标签颜色	绿色	红色	蓝色	棕色	黄色、咖啡色等
纯度	纯度最高，杂质含量最低	纯度很高，略次于优级纯	纯度略低于分析纯	纯度较低	
适用范围	用于重要精密的分析工作和科学研究工作	用于一般的科学研究和分析实验，为实验室广泛使用	适用于一般的分析工作	用于一般的实验和要求不高的科学实验	根据试剂说明使用

此外，还有一些规格的试剂，如光谱纯试剂，其所含的杂质低于光谱分析法的检测限；色谱纯试剂是在最高灵敏度时以 10^{-10} g 下无杂质峰来表示的；还有纯度较低的工业试剂。

(二)试剂的保存

生物化学实验室中大部分试剂都具有一定的毒性及危险性，因此，在保存时要综合考虑各方面的影响因素，根据试剂的毒性、易燃性、腐蚀性和潮解性等不同的特点进行妥善保存。

1. *试剂存放的一般原则*

液体试剂因其流动性，通常存放于细口瓶中，防止液体蒸发；固体试剂由于其形态固定，为方便使用药匙或镊子取用，则存放于广口瓶中。盛液体的瓶盖通常为磨口的，增加瓶口和瓶盖的贴合程度，提供良好的密封性，但氢氧化钠、氢氧化钾、浓氨水等碱性很强的试剂能与玻璃的主要成分二氧化硅反应，生成具有黏性的硅酸盐，因此不可使用玻璃塞，应放在有橡皮塞的瓶中。

2. 见光易分解、易被氧化、易挥发试剂的保存

对于过氧化氢、硝酸银、高锰酸钾、草酸、铋酸钾等对光敏感、容易在光照条件下发生分解反应的试剂，氯化亚锡、硫酸亚铁等容易被空气中的氧气氧化的试剂，以及氨水、乙醇、乙醚、丙酮、乙酸乙酯等易挥发的试剂，都应存放在棕色瓶中，置于阴凉、干燥、通风良好的地方。

由于棕色玻璃瓶中的微量金属离子可能会加速过氧化氢的分解过程，应将过氧化氢存放于不透明的塑料瓶中，必要时应用黑色纸或塑料袋包裹避光。

3. 易侵蚀玻璃试剂的保存

例如氢氟酸、含氟盐、氢氧化钠、氢氧化钾等，具有侵蚀性，能够与玻璃容器发生化学反应，应保存在塑料瓶中，避免试剂被污染或变质。

4. 强吸水性试剂的保存

无水碳酸钠、氢氧化钠、过氧化氢等会吸收周围环境中的水分，导致试剂变质或影响其化学性质，试剂瓶口应严格密封，以保持试剂的纯度和稳定性。这些试剂还应考虑避免阳光直射、保持干燥等条件。

5. 易相互作用试剂的保存

有机试剂容易燃烧或爆炸，而氧化剂具有助燃性；氧化剂和还原剂相遇会发生剧烈反应，甚至引起爆炸；强酸和强碱相遇时，会发生中和反应，释放出大量的热量，有时甚至会产生水蒸气，可能引发事故，因此，有机试剂与氧化剂、氧化剂与还原剂、强酸与强碱等应分开存放。

易燃易爆的试剂应分开存放于阴凉、干燥、通风良好的地方，远离火种、热源，并避免阳光直射。此外，易燃易爆试剂还应与氧化剂、强酸、强碱等分开存放。

6. 剧毒试剂的保管

氯化汞、氰化物、三氧化二砷等均为剧毒性试剂，通过消化道进入人体时，即使是非常少量的摄入也可能导致中毒甚至死亡。因此，剧毒试剂应由专人保管，按规定严格实行双人收发、双人记账、双人双锁、双人运输、双人使用的“五双”制度。此外，剧毒试剂的存储地点应配备防盗报警装置，以免发生事故。

(三)试剂的取用

1. 固体试剂的取用规则

取用固体试剂可用牛角匙、不锈钢药匙、塑料匙。使用时要专匙专用，可根据采用试剂的量选用不同大小的试剂匙。

固体试剂要用干净的药匙取用。最好每种试剂专用一个药匙，用过的药匙必须洗净和擦干后才能再次使用，以免污染试剂。

取用固体试剂前，要看清标签。取用试剂后立即盖紧瓶盖，防止试剂与空气中的氧气等起反应。

称量固体试剂时，必须注意不要取多，取多的药品，不能倒回原试剂瓶。

一般的固体试剂可以放在干净的纸或表面皿上称量。具有腐蚀性、强氧化性或易潮解的固体试剂不能在纸上称量，应放在玻璃容器内称量。

向试管（特别是湿的试管）中加入固体试剂时，可用药匙或将取出的试剂放在对折的纸片上，伸进试管的 2/3 处。如固体颗粒较大，应放在干燥洁净的研钵中研碎。研钵中的固体试剂量不应超过研钵容量的 1/3。

有毒的药品应在教师的指导下处理，要做好防护措施，如戴好口罩、手套等。

2. 液体试剂的取用规则

从滴瓶中取液体试剂时，要用滴瓶中的滴管，滴管绝不能伸入所用的容器中，以免接触器壁而污染药品。从试剂瓶中取少量液体试剂时，则需要专用滴管。装有药品的滴管不得横置或滴管口向上斜放，以免液体滴入滴管的胶皮帽中。

从细口瓶中取出液体试剂时，用倾注法。先将瓶塞取下，反放在桌面上，手握住试剂瓶上贴标签的一面，逐渐倾斜瓶子，让试剂沿着洁净的试管壁流入试管或沿着洁净的玻璃棒注入烧杯中。取出所需量后，将试剂瓶扣在容器上靠一下，再逐渐竖起瓶子，以免遗留在瓶口的液体滴流到瓶的外壁。将液体从试剂瓶中倒入烧杯时，可使用玻璃棒引流。引流方法是：用右手握试剂瓶，左手拿玻璃棒，使玻璃棒的下端斜靠在烧杯中，将瓶口靠在玻璃棒上，使液体沿着玻璃棒往下流。

需定量取用液体试剂时，可根据要求选用合适量程的量筒或刻度吸管等。

三、试剂的配制

试剂配制的一般步骤包括确定配制试剂需要的浓度和要求的纯度、选择合适的溶剂、计算所需的质量或体积、进行称量或量取、溶解或稀释、移液、洗涤、定容、摇匀、装瓶等。

1. 确定配制试剂需要的浓度和要求的纯度

根据实验需要，确定所需配制溶液的浓度和纯度要求。

2. 选择合适的溶剂

根据实验需求选择合适的溶剂，如水、乙醇、甲醇等，确保溶剂的纯度与分析试剂相同或更高。

3. 计算所需的质量或体积

根据确定的浓度和体积，计算出配制一定体积溶液所需试剂的质量或体积。如果所用试剂含有结晶水，在计算所需称取试剂质量时，也应把结晶水计算在内。

4. 进行称量或量取

使用适当的称量工具（如电子天平）或量取工具（如量筒）进行准确的称量或量取。如果需称取试剂质量太少而不够精确时，可采用加大溶液的体积，配制母液后稀释等方法。

5. 溶解或稀释

将称量或量取的试剂加入溶剂中，用玻璃棒搅拌至试剂完全溶解。对于难溶性试剂，在充分了解理化性质后，可采用加热、超声波等方法促进溶解。

6. 移液

将溶解好的溶液沿玻璃棒转移至容量瓶中。

7. 洗涤

洗涤烧杯和玻璃棒 2～3 次，洗涤液也转移至容量瓶。

8. 定容

向容量瓶中倒水，至液面离刻度线 1～2 cm 时改用胶头滴管逐滴加入，至凹液面与刻度线相切。

9. 摇匀

用左手压住塞子，将容量瓶倒转并上下摇动，使溶液混和均匀。

10. 装瓶

将配制好的溶液转移至试剂瓶内，并贴上标签，注明试剂名称、浓度、配制人、配制日期等信息。

第三节　生物化学实验误差与提高实验准确度的方法

一、误差的分类

根据误差产生的原因及性质可将误差分为系统误差与偶然误差两类。

系统误差，又称恒定误差，是由确定原因引起的服从一定函数规律的误差。一般有一定的方向，即测量值总是比真值大或比真值小。这种误差通常由以下原因造成：

(1)仪器不准确或不灵敏　如天平的灵敏度低或滴定管、容量瓶、刻度吸管的刻度不准确等。

(2)试剂不纯　试剂质量不合要求或蒸馏水含有微量杂质等。

(3)周围环境的改变　如外界温度、压力、湿度的变化等。

(4)个人的习惯与偏向　如刻度吸管取液读数常偏高或偏低，记录某一信号的时间总是滞后，判定滴定终点的颜色程度因人而异等。

因此，可根据仪器的缺点、外界条件变化影响的大小、个人的偏向等分别加以校正后予以消除。

偶然误差，又称随机误差，是由不确定原因引起的服从统计规律、具有抵偿性的误差。偶然误差的大小、正负方向不一定，其产生原因一般不详，因而也就无法控制。但在同一精密仪器、同样实验条件下，可发现偶然误差完全服从统计规律。因此，偶然误差与测量的次数有关，而且，随着测量次数的增加，测量结果的算术平均值将更接近于真值。这种误差的发生完全出于偶然，受到或然率的支配，可以用概率理论来处理。偶然误差的存在，主要是由于通常测量者所注意的只是被认为影响较大的一些因素，其他一些小的影响，不是尚未被发现，就是无法被控制，而这些正是造成偶然误差的原因。

实验中常用精密度、准确度来评价实验结果中误差的大小。分析结果的准确度是指测定值与"真实值"相符合的程度。准确度是由系统误差和偶然误差所决定的，它反映结果的可靠性。测定值与"真实值"越接近，说明准确度越高。在相同条件下，重复测定结果彼此相接近的程度叫作精密度。精密度是由偶然误差所决定的，它代表方法的稳定性和重现性。因此，提高实验结果的正确性必须减少实验误差。

二、减少系统误差的方法

1. 校正仪器

通过校正仪器可降低由仪器不准确而引起的系统误差。实验前对使用的天平、砝码、器皿或其他仪器进行预先校正以减少误差。

2. 空白试验

空白试验是指在不加样品情况下，而按与样品测定完全相同的操作和完全相同的条件下进行分析，得到空白值。空白试验可以消除由于试剂中存在干扰物质所产生的系统误差。将样品分析的结果扣除空白值，可以得到比较准确的结果。

3. 对照试验

对照试验是用标准样品代替试样，在与样品测定完全相同的操作和完全相同的条件下进行测定，以判断反应条件是否合适、仪器是否正常、试剂是否有效等。对照试验是检验方法误差的，所以对照试验是检验系统误差的有效方法。

利用回收率的测定可以评价定量分析方法的准确度。取一定量的标准物质，添加到待测的未知样品中，与待测的未知样品同时做平行测定。通过实际测定值和理论值计算回收率，一般的分析方法要求回收率在95%～105%。系统误差越大，回收率越低。

三、减少偶然误差的方法

在消除了系统误差之后，适当增加平行测定次数，取平均值可以减少偶然误差对分析结果造成的影响。

1. 平均取样

动植物新鲜组织可制成匀浆后取样。固体样品要在取样前粉碎、混匀。

2. 多次取样

进行多次平行测定，然后取算术平均值，就可以减少偶然误差。

第三章　常用生物化学实验技术

第一节　生物大分子的制备技术

生物大分子主要包括蛋白质、核酸、多糖和脂类等，对其结构和功能的研究是生命科学的重要方面。为制备结构完整的高纯度生物大分子，其基本步骤和思路包括：①材料的选择和预处理；②细胞的破碎；③生物大分子的提取；④生物大分子的分离；⑤生物大分子的浓缩、干燥与保存。

一、材料的选择和预处理

生物大分子制备工作中，欲制备纯化的某种单一物质称为有效成分，有效成分以外的其他物质则统称为杂质。有效成分在动物、植物和微生物材料中具有如下特点：①含量一般较少；②稳定性较差，对酸、碱、高温和高浓度有机溶剂等因子普遍较敏感，易被微生物分解变质；③易受材料来源的影响，选用的材料不同，有效成分的含量也不同，即使相同的材料，但部位或生长期不同，有效成分的含量也不尽相同。

因此，在实际工作中，材料的选择应全面考虑、综合权衡，遵循以下基本原则：①有效成分含量多、稳定性好；②材料来源丰富、容易获取，且保持新鲜；③提取工艺简单、有综合利用价值等。

选择到合适的材料后，应及时使用，以防有效成分的破坏。若选择的材料难以立即使用时，一般应采用冰冻或干燥等方法处理，同时还应将易于去掉的脂类等非必需物质除去。

1. 动物材料

利用动物的脏器或组织提取有效成分，主要是选择有效成分含量丰富的部分。动物材料要先除去结缔组织、脂肪等非活性部分，绞碎后在适当的溶剂中提取，如果所要求的成分在细胞内，则要先破碎细胞。

2. 植物材料

利用植物的根、茎、叶、果实等部分提取其中的生物活性物质。植物叶片可用水洗净后直接使用，或在 10 h 内置于 $-30\sim-4$ ℃冰箱贮藏备用。植物种子必须泡胀或粉碎后才可使用。对于含油脂较多的材料，需要进行脱脂处理。使用植物作为提取材料时要注意它的品种、生长地域、季节、气候条件等，甚至采摘的时间段都要考虑。

3. 微生物材料

微生物由于具有种类多、繁殖快、培养简便、诱变容易和不受季节影响等优点,已成为制备生物大分子物质的主要材料之一。利用微生物作为材料时,既可以利用微生物菌体分泌到培养基中的代谢产物和胞外酶,也可以利用微生物体含有的蛋白质、核酸和胞内酶等活性物质。当以微生物作为提取材料时,注意其生长期,尽量选择对数生长期的微生物,因为在对数生长期,酶和核酸的含量较高,可以获得较高的产量。

二、细胞的破碎

细胞破碎技术是指利用外力破坏细胞膜和细胞壁,使细胞内容物(包括目的产物成分)释放出来的技术,是分离纯化细胞内合成的非分泌型生化物质(产品)的基础。不同的生物体或同一生物体的不同部位的组织,具有不同的细胞壁和细胞膜结构,这些结构的坚固程度和脆弱程度直接影响细胞破碎的难易程度,使用的方法也不相同。由于动物细胞膜的脆弱性,在处理动物组织时,如绞碎或提取过程中,细胞膜很容易被破坏。植物和微生物由于具有较坚固的纤维素、半纤维素组成的细胞壁,破碎起来较为困难,在提取前需要进行专门的细胞破碎操作。

(一)机械法

机械法是主要通过机械切力的作用使组织细胞破碎的方法。

1. 研磨法

将生物组织置于研钵或匀浆器中,加入少量石英砂研磨或匀浆,即可将细胞破碎。这种方法比较温和,操作相对简单,对实验室条件要求不高,适用于小规模的实验和研究。但加石英砂时,要注意其对有效成分的吸附作用。大规模生产时,可用电动研磨法。

2. 组织捣碎法

这是一种较剧烈的破碎细胞的方法。通常将材料配制成稀糊状液,放置于捣碎杯内1/3体积后,将调速器慢慢启动并逐渐调至所需转速。此方法适于动物内脏组织和植物肉质种子等。但是在捣碎期间必须保持低温,捣碎的时间不宜太长,以防温度升高引起有效成分变性。由于旋转刀片的机械切力很大,制备一些较大分子(如核酸)则很少使用。使用组织捣碎器时,应注意选择适当的转速和操作时间,以避免对样品造成不必要的损伤。

(二)物理法

1. 超声波法

超声波法是一种借助声波的振动力破碎细胞壁和细胞器的有效方法。该方法操作简单、重复性较好、节省时间,多用于微生物细胞的破碎,但在处理材料时会产生大量的热量,因此,常采用间歇处理和降低温度的方法进行。对超声波敏感的酶和核酸不易采用此法。

2. 压榨法

压榨法是一种温和且彻底破坏细胞的方法,它利用高压迫使细胞破碎,从而释放出细胞内的物质。通常在高压下进行,通过一个小孔将几十毫升的细胞悬液突然释放至常压,以达到彻底破碎细胞的目的。此法需相应设备，可大规模使用。

3. 冻融法

当细胞被突然冷冻时，细胞内的水分会形成冰晶，导致细胞内外溶剂浓度的突然改变，进而引起细胞内外渗透压的变化，对细胞造成破坏。将细胞置于低温下冰冻一定时间，然后取出置于室温下(或 40 ℃左右)迅速融化，如此反复冻融多次，细胞发生溶胀、破碎。冻融法常用于细菌的破壁和一些植物材料，但不宜用于对温度变化敏感的蛋白质。

(三)化学与生物学方法

1. 溶胀法

溶胀法是一种利用细胞膜作为天然半透膜的特性，在低渗溶液(如低浓度的稀盐溶液)中，由于渗透压差的存在，使溶剂分子大量进入细胞，从而胀破细胞膜释放细胞内含物的方法。

2. 自溶法

自溶法是将待破碎的新鲜生物样品存放在一定 pH 和适当的温度下，利用组织细胞中自身的酶系将细胞破坏，使细胞内含物释放出来的方法。这里的酶系多指各种水解酶，如蛋白酶和酯酶等。水解酶不仅能够破坏细胞壁和细胞膜的结构，从而导致细胞内容物的释放，同时，这些水解酶也会分解细胞内的某些有效成分，因此，在利用自溶法进行细胞破碎时，需要特别小心操作，以避免有效成分的过度分解和损失。

3. 化学处理法

在细胞液中加入氯仿、甲苯、丙酮等脂溶性溶剂或十二烷基硫酸钠(SDS)等表面活性剂，将细胞壁、细胞膜的结构部分溶解，进而使细胞释放出各种酶类等物质，并导致整个细胞破碎的方法。此法可以与研磨法联合使用。

4. 生物酶降解法

利用各种水解酶，如溶菌酶、纤维素酶、蜗牛酶、半纤维素酶、酯酶等，将细胞壁分解，使细胞内容物释放出来。在用此法处理细菌细胞时，先是细胞壁消解，随之而来的是因渗透压差引起的细胞膜破裂，最后导致细胞完全破碎。此法适用于多种微生物，具有作用条件温和、内容物成分不易受到破坏、细胞壁损坏的程度可以控制等特点。但不同菌种需选择不同的酶，有一定局限性。此法也可以与研磨法联合使用。

三、生物大分子的提取

生物大分子的提取是将经过预处理或破碎的细胞置于溶剂中，使被分离的生物大分子充分地释放到溶剂中，并尽可能保持原来的天然状态不丢失生物活性的过程。从本质上来说，生物大分子的提取是将目的产物与细胞中其他化合物和生物大分子分离，实现固相转入液相，或从细胞内的生理状况转入外界特定溶液中的目标。

作为提取所采用的溶剂，应具备下述条件：①对有效成分溶解度大，而且破坏作用小；②对杂质溶解度小，甚至不溶解；③来源广泛，且价格低廉、操作安全等。实际工作中，提取溶剂常选用缓冲液或稀酸、稀碱、有机溶剂(如丙酮、乙醇)等,有时还可用水。因为稀盐溶液和缓冲液对蛋白质具有较好的稳定性,溶解度也大,常作为提取蛋白质和酶最常用的溶剂。对于和脂类结合比较牢固或分子中非极性侧链较多的蛋白质和酶,可以采用不同比例的有机溶剂提取,以解决其难溶于水、稀盐、稀酸或稀碱的问题。对于可以溶于稀酸、稀碱,还能溶于含有一定比例的有机溶剂的水溶液的某些蛋白质和酶,往往采用稀的有机溶液提取,既可以防止提取过程中水解酶的破坏,还具有除去杂质提高纯化效果的作用。

在生物大分子的提取过程中,保持生物大分子结构和功能的完整性是非常重要的,必须防止酸、碱、高温、剧烈机械作用等因素导致生物大分子的活性丧失。影响生物大分子提取的因素主要包括目的产物在提取溶剂中溶解度的大小、目的产物由固相扩散到液相的难易程度、提取溶剂的 pH 和提取时间等。

目的产物在提取溶剂中的溶解度受生物大分子的分子结构及所使用溶剂的理化性质等的影响。一般地说,极性物质倾向于溶解在极性溶剂中,而非极性物质则倾向于溶解在非极性溶剂中;碱性物质易溶于酸性溶剂,酸性物质易溶于碱性溶剂;温度升高和远离等电点的 pH 导致溶解度增加。因此,在选择提取条件时,应有利于目的产物溶解度的增加和保持其生物活性。

1. pH

蛋白质或酶等是具有等电点的两性电解质物质,一般抽提液的 pH 应选择在偏离等电点的稳定范围内。通常提取碱性蛋白质时选用低 pH 的溶液,而提取酸性蛋白质时选用高 pH 的溶液,或者用调至一定 pH 的有机溶剂进行提取。如果在提取时需用弱碱或弱酸调节溶剂的 pH 时,要非常小心,边加边搅拌,切忌出现局部过高的酸、碱浓度,导致所需目标产物变性。特别需要注意的是,有时提取过程所需的最适 pH 与使有效成分的活性稳定的 pH 并不相同,为了保持有效成分的活性,可能需要调整提取条件以适应有效成分的稳定性需求。

2. 溶剂的极性和离子强度

生物大分子的溶解度大小与溶剂性质密切相关,离子强度则通过影响溶质的带电性进而影响其溶解度。有些生物大分子在极性大、离子强度高的溶液中稳定,而有些则呈现完全相反的表现。因此,要注意根据提取的生物大分子的稳定性来选择适宜极性和离子强度的提取溶剂。

在水溶液中增加蔗糖、甘油等的浓度,可以减少水分子的极性作用,降低溶液的极性。在水溶液中加入氯化钾、氯化钠、氯化铵、硫酸铵等中性盐能提高溶液的离子强度,使蛋白质等在水溶液中的溶解度降低。为促使蛋白质与核酸、蛋白质与细胞器的分离,在提取核蛋白或细胞器中的蛋白质时,宜选用高浓度的盐溶液。黏多糖类物质也溶于高离子强度的盐溶液。若用有机溶剂抽提蛋白质等物质时,加入少量的中性盐可使其稳定。

3. 温度

一般认为,蛋白质和酶对热不稳定,温度越高,其稳定性越差,在低温(如 0 ℃左右)时最稳定。若温度升高,虽然蛋白质或酶的溶解度会增加,但同时也增加了其与周围环境的不利反应的机会，可能导致蛋白质或酶的结构发生变化，从而影响其稳定性和功能。

4. 氧化

通常蛋白质都含相当数量的巯基，往往是酶和蛋白质的必需基团。当存在氧化剂或氧分子时，会使巯基形成分子内或分子间的二硫键，导致酶（或蛋白质）失活（或变性）。在提取溶剂中加入 β-巯基乙醇或半胱氨酸、还原型谷胱甘肽和巯基乙酸盐等还原剂，可以防止巯基发生氧化作用，或者延缓某些酶活性的丧失。

对于某些植物材料中含有的易被氧化成醌类物质的酚类化合物，可通过加入聚乙烯吡咯烷酮（PVP）等防止氧化所造成的提取液颜色发生变化。

5. 金属离子

除易受氧化剂作用外，蛋白质的巯基还会和来自提取溶剂的金属离子（如铅、铁或铜）发生作用，而产生沉淀复合物。采用无离子水或重蒸水配制试剂，或加入适量金属离子络合剂 EDTA 等方法可以防止金属离子的作用。

6. 水解酶

由于各种细胞中普遍存在着水解酶，在提取过程中会对蛋白质、酶、核酸等生物大分子产生水解作用。通过在提取溶剂中加入抑制剂或通过调节提取溶剂的 pH、离子浓度或极性等方法，可以使水解酶丧失活性，防止对生物大分子目标物质的降解作用。

7. 搅拌

通过搅拌操作，可以促使生物大分子与提取液的接触，并能增加目标产物的溶解度。但需要采用温和的搅拌方法，速度不宜过快，否则容易产生泡沫，增大与空气的接触面，导致某些酶类变性失活。

四、生物大分子的分离

生物大分子的分离技术多种多样，主要是利用它们之间特异性的差异，如分子的大小、形状、酸碱性、溶解性、溶解度、极性、电荷和与其他分子的亲和性等（表 3-1）。常用的分离方法和技术有沉淀法（包括盐析、有机溶剂沉淀、选择性沉淀等）、离心技术、层析技术、电泳技术等。在实际工作中，需要进行各种分离技术的高效集成化，以达到提高产品收率、降低过程能耗和增加产率的目的。

表 3-1 生物大分子分离技术的分类

理化性质	分离技术
分子大小和形态	离心、超滤、分子筛层析、透析、凝胶层析、SDS-聚丙烯酰胺凝胶电泳等
溶解度	盐析、有机溶剂沉淀、等电点沉淀、分配层析等
分子的密度	超速离心
电荷差异	电泳、离子交换层析
生物功能专一性	亲和层析、疏水层析

常用的主要生物大分子分离技术将在本章第二节逐一介绍。

五、生物大分子的浓缩、干燥与保存

浓缩是低浓度溶液通过除去溶剂(包括水)变为高浓度溶液的过程。在生物大分子提取和分离后,往往体积较大,为了保存和鉴定,往往需要进行浓缩。常用的浓缩方法有减压加温蒸发浓缩、空气流动蒸发浓缩、冰冻浓缩、吸收浓缩等。

干燥是从潮湿的固体、膏状物、浓缩液以及液体中尽可能除尽水分或溶剂而获得相对或绝对干燥制品的工艺过程。对于生物大分子制备得到的产品,为防止变质、易于保存,常需要干燥处理,最常用的方法是冷冻干燥和真空干燥。真空干燥是将待处理材料置于负压条件下,并适当通过加热达到负压状态下的沸点或者通过降温使得物料凝固后通过熔点来干燥物料的干燥方式。冷冻干燥是利用冰晶升华的原理,在高度真空的环境下,将已冻结了的待处理材料的水分不经过冰的融化直接从冰固体升华为蒸汽的方式。

生物大分子的稳定性与保存方法的关系很大。干燥的制品一般比较稳定,在低温情况下数日甚至数年其活性可能无明显变化,贮藏要求简单,只要将干燥的样品置于干燥器内(内装有干燥剂)密封,保存在 0～4 ℃冰箱即可。液态贮藏时则应注意样品不能太稀、一般需加入相应防腐剂和稳定剂、贮藏温度要求低等,具体应视不同物质而定。

第二节　生物大分子的分离技术

生物大分子分离方法的选择取决于生物大分子的理化性质。本节将对实验室常用的沉淀分离技术、离心技术、层析技术、电泳技术、膜分离技术进行阐述。

一、沉淀分离技术

沉淀分离是根据溶度积原理,利用沉淀反应,通过改变某些条件或加入某种物质,降低溶液中某种溶质的溶解度,在一定条件下,使目标产物沉淀出来,或者将杂质析出沉淀,以达到除去干扰的目的。沉淀分离技术是生物大分子分离常用的一种经典方法,具有操作简单、成本低廉、浓缩倍数高等特点,不仅适用于蛋白质、酶、多肽、核酸和其他细胞组分的回收和分离,也适用于抗生素、有机酸等小分子物质。主要包括盐析沉淀法、有机溶剂沉淀法、等电点沉淀法等。

(一)盐析沉淀法

在高浓度的中性盐存在下,蛋白质(酶)等生物大分子物质在水溶液中的溶解度降低,从而产生沉淀的过程称为盐析沉淀法。盐析沉淀法主要适用于蛋白质(酶)等生物大分子物质。

1. 盐析沉淀法的原理

蛋白质等生物大分子物质以一种亲水胶体形式存在于水溶液中,无外界影响时,呈稳定的分散状态,其主要原因有 2 个方面:①蛋白质为两性物质,在一定 pH 下表面显示一定的电性，由于静电斥力作用，使分子间相互排斥；②蛋白质分子周围，水分子呈有序排列，在其表面上形成了水化膜，水化膜层能保护蛋白质粒子，避免其因碰撞而聚沉。

当向蛋白质溶液中逐渐加入中性盐时，会产生两种现象。在低盐浓度情况下，随着中性盐离子强度的增高，蛋白质的溶解度增大，称盐溶现象。产生盐溶现象是因为低浓度中性盐离子对电解质类物质分子表面极性基团及水活度的影响，中性盐离子的存在使得蛋白质吸附盐离子后，带电层使蛋白质分子间相互排斥，同时蛋白质与水分子间的作用加强，从而导致蛋白质的溶解度增大。在高盐浓度时，蛋白质的溶解度随之减小，发生盐析作用。在同一浓度的盐溶液中，不同蛋白质的溶解度不同，借此可达到彼此分离的目的。盐析的发生是由于在高盐溶液中，带大量电荷的盐离子能中和蛋白质表面的电荷，使蛋白质分子之间的电排斥作用相互减弱；同时，中性盐的亲水性比蛋白质大，使得盐离子在水中发生水化，从而破坏蛋白质的水化层，即破坏了蛋白质的水化膜，导致蛋白质暴露出疏水区域，这些疏水区域相互作用，使得蛋白质沉淀。

2. 盐析用盐的选择

通常选择盐析用盐需考虑以下因素：要有较强的盐析效果；要有足够大的溶解度，且溶解度受温度的影响尽可能小；在生物学上是惰性的，不致影响蛋白质等生物大分子的活性，且最好不引入任何可能给分离或测定带来麻烦的杂质；来源丰富且经济，有利于实验或生产成本管控。

蛋白质的盐析通常采用中性盐，如硫酸铵、硫酸钠、硫酸镁、氯化钠、磷酸钠等，其中应用最广的是硫酸铵。硫酸铵在水中化学性质稳定、溶解度大，溶解度的温度系数变化较小（25 ℃时溶解度为 4.1 mol/L，即 767 g/L；0 ℃时溶解度为 3.7 mol/L，即 697 g/L），而且价廉易得，分段效果比其他盐好，性质温和，即使浓度很高时也不会影响蛋白质的生物学活性。盐析操作时，首先所添加的硫酸铵的纯度要高，否则夹带的杂质会使硫酸铵的浓度不准确，甚至引起蛋白质和酶的变性；其次添加硫酸铵后，要使其充分溶解，至少放置 30 min，以确保蛋白质有足够的时间沉淀完全，然后将沉淀分离。但是用硫酸铵盐析时，也存在缓冲能力较差、铵离子会干扰蛋白质氮的测定等不足。

3. 影响盐析的因素与操作注意事项

盐的饱和度是影响蛋白质盐析的主要因素。由于蛋白质的结构和性质不同，不同蛋白质的盐析要求盐的饱和度不同。在同一溶液中欲分离几种蛋白质时，可采用分段盐析的方法，即盐的饱和度常由低到高逐渐增加，通过逐步增加盐的饱和度，使得溶解度低的蛋白质先从溶液中沉淀出来，随后将其分离，继续增加盐的饱和度，使得溶解度高的蛋白质沉淀析出，依此类推，直到所有蛋白质被分离。

除了盐的饱和度外，样品浓度、pH、离子强度和离子类型、温度、操作方式、脱盐等也会影响盐析，需要结合实验需求，予以综合评估。

（二）有机溶剂沉淀法

利用有机溶剂能显著降低蛋白质等生物大分子在水溶液中的溶解度，而使之沉淀析出的方法，称为有机溶剂沉淀法。有机溶剂沉淀法不仅适用于蛋白质的分离纯化，还常用于酶、核酸、多糖等物质的分离纯化。

有机溶剂能降低水溶液的介电常数,使溶质分子(如蛋白质分子)之间的静电引力增大,聚集形成沉淀。对于具有表面水层的生物大分子来说,亲水性有机溶剂本身的水分作用降低了自由水的浓度,压缩了亲水溶质分子表面原有水化层的厚度,降低了亲水溶质的亲水性,导致其脱水聚集析出。不同溶质对有机溶剂的敏感度不同,因此需要不同浓度的有机溶剂来进行沉淀,这是有机溶剂分步沉淀的理论基础。

沉淀用有机溶剂的选择主要考虑以下因素:介电常数小,沉淀作用强;对生物分子的变性作用小,尽可能保持生物大分子的活性和功能;毒性小、价格低廉易得、挥发性适中;一般需能与水无限混溶(如乙醇、甲醇、丙酮等),一些与水部分混溶或微溶的溶剂如氯仿、乙醚等也有使用。

由于乙醇具有沉淀作用强、沸点适中、无毒等优点,广泛用于沉淀蛋白质、核酸、多糖、核苷酸等生物大分子及氨基酸等。丙酮的沉淀作用大于乙醇,用丙酮代替乙醇作为沉淀剂一般可以减少用量1/4～1/3,但因丙酮存在沸点较低、挥发损失大、对肝脏有一定毒性、着火点低等缺点,其应用不如乙醇广泛。

温度、溶液pH、离子强度、样品浓度、金属离子等是有机溶剂沉淀法的主要影响因素。

(三)等电点沉淀法

利用两性物质在等电点时溶解度最低,以及不同的两性物质具有不同的等电点这一特性,对蛋白质、氨基酸等两性物质进行分离纯化的方法称为等电点沉淀法。等电点沉淀法用于氨基酸、蛋白质及其他两性物质的沉淀,但此法单独应用较少,多与其他方法联合使用。

在等电点时,蛋白质等两性物质以两性离子形式存在,其分子净电荷为零(即正、负电荷相等),此时蛋白质分子颗粒在溶液中因没有相同电荷的相互排斥,分子相互之间的作用力减弱,其颗粒极易碰撞、凝聚而产生沉淀,所以蛋白质在等电点时,其溶解度最小,最易形成沉淀物。等电点时的许多物理性质如黏度、膨胀性、渗透压等都变小,从而有利于悬浮液的过滤。

在使用等电点沉淀法时要注意以下因素:不同的蛋白质具有不同的等电点,生物大分子的等电点易受盐离子的影响发生变化,应尽可能避免直接用强酸或强碱调节pH而引起目的物成分的变性,与其他沉淀方法联合使用以提高沉淀能力等。

(四)选择性变性沉淀法

选择性变性沉淀法,即利用蛋白质、酶和核酸等生物大分子对某些物理或化学因素敏感性不同,选择一定的条件,如改变温度、pH或加入有机溶剂等,使溶液中存在的某些杂质变性沉淀下来,而与目的物分开,达到分离提纯的目的。包括①表面活性剂或有机溶剂变性:利用表面活性剂(三氯乙酸)或有机溶剂引起非目的生物大分子变性沉淀,通常在冰浴或冷室中进行。②热变性:利用生物大分子对热的稳定性不同,加热升高温度使非目的生物大分子变性沉淀而保留目的物在溶液中。③选择性酸碱变性:利用蛋白质和酶等对溶液中不同pH的稳定性不同,而使杂质变性沉淀进而分离的方法。

选择性变性沉淀法是使杂质变性沉淀，又对目的物没有明显影响，所以在操作之前要对欲分离的物质中的杂蛋白等杂质的种类、含量及其物理化学性质等有比较全面的了解。

二、离心技术

离心技术(centrifugal technique)是借助离心机旋转所产生的离心力，根据物质颗粒的沉降系数、质量、密度及浮力等因子的不同，而使物质分离的技术。

(一)离心技术的原理

离心作用是根据在一定角速度下做圆周运动的任何物体都受到一个向外的离心力进行的。物质颗粒在离心场中所受到的离心力(F_c)的大小可按下式计算：

$$F_c = ma_c = m\omega^2 r = m\frac{4\pi^2 n^2 r}{3\ 600}$$

式中：m 为颗粒的质量；a_c 为离心加速度；ω 为转子的角速度，rad/s；r 为旋转半径(即颗粒到旋转轴中心的距离)，cm；n 为转子每分钟转数，r/min。

离心力(F_c)的大小取决于颗粒的质量(m)和离心加速度(a_c)，与转速的平方及与旋转半径成正比。在转速一定的条件下，颗粒离轴心越远，其所受的离心力越大。在离心过程中，随着颗粒在离心管中移动，其所受的离心力也随之变化。

目前，离心力通常以相对离心力(relative centrifugal force，RCF)表示，因为它可以真实地反映颗粒在离心管内不同位置的离心力及其动态变化。相对离心力是指颗粒所受的离心力与地心引力(重力)之比，单位为 g。在实际工作中，离心力的数据是指其平均值。

在单位离心力的作用下，待分离颗粒的沉降速度称为沉降系数(sedimentation coefficient)。沉降系数是以时间表示的，因蛋白质、核酸等生物大分子的沉降系数实际上时常在 10^{-13} s 左右，故把沉降系数 10^{-13} s 称为一个 Svedberg 单位，简写 S，单位为 s。

(二)离心技术的分类

常用的离心技术包括沉淀离心、差速离心、密度梯度离心、分析超速离心、离心淘洗、区带离心及连续流离心等技术，其中沉淀离心、差速离心和密度梯度离心是实验室中常用的离心技术。

1. 沉淀离心

沉淀离心技术是目前应用最广的一种离心方法。一般是指选用一种离心速度，使悬浮溶液中的悬浮颗粒在离心力的作用下完全沉淀下来，这种离心方式称为沉淀离心。离心时可根据颗粒大小来确定沉降所需要的离心力。

2. 差速离心

差速离心是根据颗粒大小和密度不同造成沉降速度(即沉降系数)的差异，通过分级提高离心转速或高速与低速离心交替进行，使具有不同质量的颗粒样品(或大分子)从混合液中分批沉降至管底，从而实现分离目的。起始的离心速度较低，让较大的颗粒沉降到管底，小的颗粒仍然悬浮在上清液中。收集沉淀，改用较高的离心速度离心悬浮液，将较小的颗粒沉降，依此类推，达到分离不同大小颗粒的目的。

3. 密度梯度离心

密度梯度离心是使待分离样品在密度梯度介质中进行离心沉降或沉降平衡，最终分配到梯度中某些特定位置上，形成不同区带的分离方法，又称区带离心。密度梯度离心不仅可依据样品颗粒的重量及沉降系数进行分离，还可根据样品颗粒的密度、形状等特征进行分离。密度梯度离心法又可分为速率区带离心和等密度梯度离心。

速率区带离心是指当不同的颗粒间存在沉降速度差时，在一定的离心力作用下，颗粒各自以一定的速度沉降，在密度梯度介质的不同区域上形成区带的方法。

等密度梯度离心是一种利用密度梯度介质进行物质分离的方法，当不同颗粒存在浮力密度差时，在离心力场下，这些颗粒或向下沉降，或向上浮起，一直移动到与它们各自的密度恰好相等的位置上，形成区带。此法常用 CsCl、蔗糖、甘油等作为介质。

三、层析技术

层析技术（chromatographic technique）是一种利用混合物中各组分理化性质（吸附力、分子形状、大小、分子极性、分子亲和力以及分配系数）的差异，在物质经过两相中进行分离的一种技术。

（一）层析技术的原理

所有的层析系统都由两个相组成：一个是固定相，它是固体物质或者是固定于固体物质上的成分；另一个是流动相，即可以流动的物质，如水和各种溶媒。当待分离的混合物随流动相通过固定相时，不断进行着交换、分配、吸附、解吸等过程，由于各组分的理化性质存在差异，与两相发生相互作用的能力不同，所受固定相的阻滞作用和受流动相推动作用的影响各不相同。其中，与固定相相互作用力越弱的组分，随流动相移动时受到的阻滞作用越小，向前移动的速度越快；反之，与固定相相互作用力越强的组分，向前移动速度越慢，从而使各组分以不同速度移动而达到彼此分离的目的。

（二）层析技术的分类

1. 按操作形式分类

（1）柱层析　固定相装于柱内，使样品沿着一个方向前移而分离。

（2）薄层层析　将适当黏度的固定相均匀涂铺在薄板上，点样后用流动相展开，使各组分分离。

（3）纸层析　用滤纸作为液体的载体，点样后用流动相展开，使各组分分离。

（4）薄膜层析　将适当的高分子有机吸附剂制成薄膜，以类似纸层析方法进行物质的分离。

2. 按两相所处物理状态分类

（1）气相层析　气液层析（固定相为液体）和气固层析（固定相为固体），流动相为气体。

(2)液相层析 液液层析(固定相为液体)和液固层析(固定相为固体),流动相为液体。

3. 按层析原理分类

(1)吸附层析 指混合物随流动相通过固定相时,由于吸附剂对不同物质的不同吸附力,而使混合物分离的方法。根据操作装置的不同,吸附层析又可分为柱层析与薄层层析两种。吸附层析多以硅胶、氧化铝、活性炭、硅酸镁等作为吸附剂,特别适用于很多中等相对分子质量的样品(相对分子质量小于 1 000 的低挥发性样品)的分离,尤其是脂溶性成分。一般不适用于高相对分子质量样品如蛋白质、多糖或离子型亲水化合物等的分离。吸附层析的分离效果,取决于吸附剂、溶剂和被分离化合物的性质。在指定的吸附剂与洗脱剂的条件下,各个成分的分离情况,直接与被分离物质的结构与性质有关。被吸附物的化学结构如与吸附剂有相似的电子特性,吸附就更牢固。

(2)分配层析 利用各物质不同的分配系数,使混合物随流动相通过固定相时而予以分离的方法。在分配层析中,固定相是极性溶剂(如水、稀硫酸、甲醇等),此类溶剂能和多孔的支持物(常用的是吸附力小、反应性弱的惰性物质,如淀粉、纤维素粉、滤纸等)紧密结合,使呈不流动状态;流动相则是非极性的有机溶剂。

(3)凝胶层析 固定相是多孔凝胶,根据流动相中溶质的相对分子质量大小差异进行分离。凝胶层析具有操作简便、所需设备简单、分离效果较好、重复性高、分离条件缓和的特点,适用于分离和提纯蛋白质、酶、多肽、激素、多糖、核酸类等物质。

(4)离子交换层析 是生物大分子分离纯化工作中得到最广泛应用的方法之一。利用离子交换剂对需要分离的各种离子有不同的亲和力,使离子在层析柱中移动时达到分离的目的。离子交换层析中,基质由带有电荷的树脂或纤维素组成。带有负电荷的称为阳离子交换树脂,而带有正电荷的称为阴离子交换树脂。离子交换层析多用于分离氨基酸、多肽及蛋白质,也可用于分离核酸、核苷酸及其他带电荷的生物分子。

(5)亲和层析 利用待分离物质和它的特异性配体间具有特异的亲和力,从而达到分离的目的。亲和层析是在凝胶层析柱上连接与待分离的物质有一定结合能力的分子,并且它们的结合是可逆的,在改变流动相条件时二者还能相互分离。亲和层析可用来从混合物中分离、纯化或浓缩某一分子,也可以用来去除或减少混合物中某一分子的含量。

四、电泳技术

电泳指的是带电颗粒在电场作用下,向着与其电性相反的电极移动的现象。利用带电粒子在电场中移动速度不同而达到分离的技术称为电泳技术。电泳技术是生物化学与分子生物学技术中分离、鉴定生物大分子的重要手段。

(一)电泳技术的原理

在电场中,带电颗粒受电场作用力(F)和摩擦力(f)两种相反作用力的作用。在匀强电场中,电场作用力和摩擦力相等,带电颗粒做匀速运动。

被分离的球形分子在电场中所受的力(F)为:

$$F=EQ$$

对于一个球形质点，在自由溶液中摩擦力服从 Stokes 定律：

$$摩擦力\ f=6\pi r\eta v$$

可得

$$QE=6\pi r\eta v$$

$$v=\frac{EQ}{6\pi r\eta}$$

式中：r 为颗粒的半径；v 为颗粒的移动速度；η 为介质的黏度。

可见，球形质点的迁移率与所带电量成正比，与其半径及介质黏度成反比。因此，在同一电泳条件下，不同带电颗粒因其分子大小和带电量的不同而具有不同的泳动速度。

不同物质的电泳性质常用迁移率来表示。迁移率（又称泳动率）是指带电颗粒在单位电场强度下的泳动速度。电场强度、溶液的 pH、溶液的离子强度、电渗等均可能影响电泳迁移率。

（二）电泳技术的分类

根据分离原理不同，电泳可分为①自由界面电泳：又称移动界面电泳，是指在没有支持介质的溶液中进行的电泳；②区带电泳：支持介质的作用主要是防止电泳过程中的对流和扩散，以使被分离的成分得到最大分辨率的分离。

按照电泳的支持介质分，区带电泳可分为纸电泳、淀粉凝胶电泳、乙酸纤维素薄膜电泳、琼脂糖凝胶电泳及聚丙烯酰胺凝胶电泳等。

（1）乙酸纤维素薄膜电泳（cellulose acetate electrophoresis，CAE） 以乙酸纤维素薄膜作为支持介质的一项电泳技术。乙酸纤维素分子中每个葡萄糖单位的两个游离羟基均与乙酸脱水缩合，生成二乙酰葡萄糖。

（2）琼脂糖凝胶电泳（agarose gel electrophoresis，AGE） 用琼脂糖作为支持介质的一项电泳技术。琼脂糖是由琼脂经处理去除其中的果胶成分而得的，化学组成是一类由多个 *D*-半乳糖和 3，6-脱水-*L*-半乳糖彼此连接而成的线性多糖，在形成凝胶时主要通过氢键相互交联。

（3）聚丙烯酰胺凝胶电泳（polyacrylamide gel electrophoresis，PAGE） 以聚丙烯酰胺凝胶作为支持介质的一项电泳技术。聚丙烯酰胺凝胶是由丙烯酰胺单体在水溶液中聚合而成的亲水性高聚物，是一种透明而不溶于水并有韧性的凝胶。PAGE 根据其有无浓缩效应，分为连续系统和不连续系统两大类。连续系统电泳体系中缓冲液 pH 及凝胶浓度相同，带电颗粒在电场作用下，主要靠电荷和分子筛效应。不连续系统电泳是指电泳系统中采用两种或两种以上的缓冲液、pH 和凝胶孔径，电泳过程中形成的电势梯度不均匀，能将较稀的样品浓缩成密集的区带，从而提高分辨率。PAGE 可用于分离蛋白质和寡核苷酸。

（4）毛细管电泳（capillary electrophoresis，CE） 是一类以毛细管为分离通道、以高压直流电场为驱动力的新型液相分离技术。毛细管电泳系统的基本结构包括进样系统、两个缓冲液槽、高压电源、检测器、控制系统和数据处理系统。毛细管电泳具有多种分离模式（多种分离介质和原理），故具有多种功能，其应用十分广泛，通常对能配成溶液或悬浮溶液的样品(除挥发性和不溶物外)均可进行分离和分析,小到无机离子,大到生物大分子和超分子,甚至整个细胞都可进行分离检测。

五、膜分离技术

膜分离技术是一种重要的生物化学实验技术,是指在分子水平上不同粒径分子的混合物在通过半透膜时实现选择性分离的技术。

(一)膜分离技术的原理

膜是指在一种流体相内或是在两种流体相之间有一层薄的凝聚相,把流体相分隔为互不相通的两部分,并能使这两部分之间产生传质作用。膜分离过程是以选择性透过膜为分离介质,当膜两侧存在某种推动力(如压力差、浓度差、电位差、温度差等)时,生物大分子选择性地透过膜,以达到分离、提纯的目的。

(二)膜分离技术的分类

膜分离的推动力一般有浓度差、电位差和压力差等。膜分离技术可以根据推动力的不同分为透析、超滤、渗透、电渗析、反渗透、纳滤等。

1. 透析

透析是利用小分子经过半透膜扩散到水(或缓冲液)的原理,将小分子与生物大分子分开的一种分离纯化技术。在生物大分子的制备过程中,除盐、少量有机溶剂、生物小分子杂质和浓缩样品等都要用到透析技术。半透膜的通透性、温度、压力等因素将影响生物分子透析分离的效果。

2. 超滤

超滤是以 0.1～0.5 MPa 的压力差为推动力,利用多孔膜的拦截能力,以物理截留的方式,将溶液中大小不同的物质颗粒分开,从而达到纯化和浓缩、筛分溶液中不同组分的目的。

第三节　生物大分子的分析测定技术

生物大分子的分析测定可以分为物理/化学方法和生物学方法 2 类。物理/化学方法主要有分光光度法、色谱法、电泳法、质谱法等。生物学方法主要有酶的各种测活方法、蛋白质含量的各种测定法、免疫化学方法、放射性同位素示踪法等。

一、物理/化学方法

1. 分光光度法

分光光度法是通过测定被测物质在特定波长处或一定波长范围内光的吸收度,对该物质进行定性和定量分析的方法。它具有灵敏度高、操作简便、快速等优点,是生物化学实验中最常用的实验方法。许多物质的测定都采用分光光度法。它不仅可应用于可见光,还可以扩展到紫外和红外光谱。

分光光度法的度量依据是朗伯-比尔(Lambert-Beer)定律,可用下式表示:

$$A=\lg \frac{1}{T}=\varepsilon bc$$

式中:A 为吸光度值;T 为透射比(透光度);ε 为摩尔吸光系数,与吸收物质的性质及入射光的波长 λ 有关;c 为吸光物质的浓度,mol/L;b 为吸收层厚度,cm。

由上式可知,当吸收层厚度 b 和吸光系数 ε 固定时,吸光度值 A 与溶液的浓度呈线性关系。在定量分析时,先需要测定溶液对不同波长光的吸收情况(吸收光谱),从中确定最大吸收波长,然后以此波长的光为光源(单色光),进行吸光度值 A 的测定。

朗伯-比尔定律是光吸收的基本定律,不仅适用于有色溶液,也适用于其他均匀、非散射的吸光物质(包括液体、气体和固体),是各类分光光度法的定量依据。

依据测定波长的不同,分光光度法可分为:紫外分光光度法(波长范围 200～400 nm 的紫外光区)、可见分光光度法(波长范围 400～760 nm 的可见光区)、红外分光光度法(波长范围 2.5～25 μm,按波数计为 4 000～400 cm^{-1} 的红外光区)。

2. 层析法

层析法的应用可以根据目的分为制备性层析和分析性层析两大类。制备性层析的目的是分离混合物,获得一定数量的纯净组分。分析性层析的目的是定量或者定性测定混合物中各组分的性质和含量。定性的分析性色谱有薄层层析、纸层析等,定量的分析性色谱有气相层析、高效液相层析等。

3. 电泳法

电泳法也是生物大分子分析测定的重要技术手段。例如聚丙烯酰胺凝胶电泳可用于蛋白质纯度的鉴定和蛋白质定量,SDS-聚丙烯酰胺凝胶电泳可测定蛋白质相对分子质量,琼脂糖凝胶免疫电泳可用于检查蛋白质制剂的纯度、分析蛋白质混合物的组分,利用等电聚焦电泳可以直接测出蛋白质的等电点。

4. 质谱法

质谱法(mass spectrometry,MS)即用电场和磁场将运动的离子(带电荷的原子、分子或分子碎片,有分子离子、同位素离子、碎片离子、重排离子、多电荷离子、亚稳离子、负离子和离子-分子相互作用产生的离子)按它们的质荷比分离后进行检测的方法。质谱法是纯物质鉴定的最有力工具之一,其中包括相对分子质量测定、化学式的确定及结构鉴定等。

二、生物学方法

1. 酶的测活方法

酶活性测定法是利用酶能专一而高效地催化化学反应的性质,通过测定酶促反应速度来检知生物样品中某种酶的含量和活性的分析技术。

酶活力的测定可采用两种方式:即终止反应法和连续反应法。

终止反应法是在恒温反应系统中,每隔一定时间,取出一定体积的反应液,用强酸强碱或 SDS 以及加热等使反应立即停止,然后用化学法、放射性化学法或酶偶联法分析产物的形成量或底物的消耗量。这是最经典的酶活力测定方法,几乎所有的酶都可以根据这一原理设计出具体的测定方法。

连续反应法不需要终止反应,而是在酶反应过程中用光化学仪器或电化学仪器等来监测反应的进行情况,对记录结果进行分析,然后计算出酶活力。

对不易直接测定的反应,可使用酶偶联分析法,即用过量、专一的"偶联工具酶",使被测反应继续进行到某一可直接测定的阶段。

2. 蛋白质含量的测定方法

蛋白质含量的测定方法一般可分为间接方法和直接方法。间接方法是通过测定样品中蛋白质的含氮量,从而推算蛋白质含量的一种方法。直接方法则是根据蛋白质的物理和化学性质,直接测定蛋白质含量的方法。多年来,利用蛋白质的主要性质(如含氮量、肽键、折射率等)和利用蛋白质含有的特定氨基酸残基(如芳香基、酸性基、碱性基等)测定蛋白质的方法不断发展,主要有凯氏定氮法(国际经典测定方法)、分光光度法、电化学法、滴定法、高压液相色谱法、电泳法、免疫法等。

3. 免疫化学方法

免疫化学方法是利用免疫学抗原抗体反应的灵敏性,以荧光素、酶、放射性核素或电子致密物质等对抗原或抗体加以标记,对某些蛋白质(抗原或抗体)进行检测的新技术。根据标记物性质不同,免疫化学方法可分为放射免疫法、荧光免疫法和酶免疫法3类。根据测定中是否要分离与抗体结合和未结合的标记物,又可分为多相(需分离)和均相(不分离)免疫分析法两种。

4. 放射性同位素示踪法

放射性同位素示踪法是利用放射性核素作为示踪剂对研究对象进行标记的微量分析方法。当用同位素作为一种标记,制成含有同位素的标记化合物代替相应的非标记化合物时,由于放射性核素能不断地发射具有一定特征的射线,通过放射性探测方法,可以随时追踪含有放射性核素的标记物在体内或体外的位置及其数量的运动变化情况。

第四章　基础性实验

实验一　3,5-二硝基水杨酸(DNS)比色法测定还原糖

一、实验目的与要求

掌握3,5-二硝基水杨酸(DNS)比色法测定还原糖的原理，熟练3,5-二硝基水杨酸比色法测定还原糖的操作方法和分光光度计的使用。

二、实验原理

还原糖的测定是糖定量测定的基本方法。还原糖是指含有自由醛基或酮基的糖类。单糖都是还原糖，双糖和多糖不一定是还原糖，其中乳糖和麦芽糖是还原糖，蔗糖和淀粉是非还原糖。

在碱性条件下，3,5-二硝基水杨酸与还原糖共热后被还原成棕红色的3-氨基-5-硝基水杨酸。在一定的浓度范围内，还原糖含量与生成的3-氨基-5-硝基水杨酸的吸光度值呈线性关系，因此可利用比色法测定样品中还原糖的含量。

该方法操作简便、快速，杂质干扰较少。

三、实验材料、器材与试剂

1. 材料

青菜叶、苹果或其他蔬果。

2. 器材

分光光度计，恒温水浴锅，大试管和大试管架，容量瓶，刻度吸管和刻度吸管架，玻璃漏斗，研钵，纱布，滤纸。

3. 试剂

(1)0.1%葡萄糖标准液　准确称取100 mg分析纯的葡萄糖(预先在105 ℃干燥至恒重)，用少量蒸馏水溶解后定容至100 mL，置于冰箱保存，备用。

(2)3,5-二硝基水杨酸(DNS)试剂　将6.3 g DNS和262 mL 2 mol/L氢氧化钠溶液，加到500 mL含有185 g酒石酸钾钠的热水溶液中，再加5 g结晶酚和5 g亚硫酸钠，搅拌溶解，冷却后加蒸馏水定容至1 000 mL，贮于棕色瓶中备用。

四、实验操作步骤

1. 还原糖的提取

称取青菜叶 5 g 或苹果 0.5 g(去皮),加石英砂少许于研钵中研磨,加 30 mL 蒸馏水洗研钵并移至大试管,放入 50 ℃恒温水浴锅中保温 30 min。保温完毕先用纱布过滤,再用滤纸过滤,移入 100 mL 容量瓶,蒸馏水定容备用。

2. 葡萄糖标准曲线的制作

取 7 支洁净试管,编号,按表 4-1 操作。

表 4-1　葡萄糖标准曲线制作

项目	管号						
	0	1	2	3	4	5	6
含糖总量/mg	0	0.4	0.6	0.8	1.0	1.2	1.4
0.1%葡萄糖标准液/mL	0	0.4	0.6	0.8	1.0	1.2	1.4
蒸馏水/mL	2.0	1.6	1.4	1.2	1.0	0.8	0.6
DNS 试剂/mL	1.5	1.5	1.5	1.5	1.5	1.5	1.5

将各管摇匀,在沸水浴中准确加热 5 min。流水冷却至室温,用蒸馏水定容至 25 mL。以 0 号管溶液调零点,在分光光度计上 520 nm 处进行比色,测定 1～6 号管的吸光度值。以葡萄糖含量(mg)为横坐标,吸光度值为纵坐标,绘出葡萄糖标准曲线。

3. 样品还原糖的测定与计算

取 4 支洁净试管,编号,按表 4-2 操作。

表 4-2　样品中还原糖的测定

项目	管号			
	0	样品 1	样品 2	样品 3
样品/mL	0	1.0	1.0	1.0
蒸馏水/mL	2.0	1.0	1.0	1.0
DNS 试剂/mL	1.5	1.5	1.5	1.5

将各管摇匀,在沸水浴中准确加热 5 min。流水冷却至室温,用蒸馏水定容至 25 mL。以 0 号管溶液调零点,在分光光度计上 520 nm 处进行比色,测定 1～3 号管的吸光度值。

根据标准曲线查出相应的还原糖含量,并按下列公式计算出青菜叶或苹果内还原糖的百分含量。

$$\text{还原糖}(\%)=\frac{\text{查标准曲线所得葡萄糖毫克数}\times\dfrac{\text{提取液总体积}}{\text{测定时取用体积}}}{\text{样品质量}}\times 100$$

五、实验注意事项

(1)实验为定量分析实验,要求所有试管必须清洗干净,各种试剂加入准确,操作过程中尽量仔细。

(2)分光光度计使用前应预热 30 min。

六、作业与思考

(1)写出 3,5-二硝基水杨酸的化学结构式。

(2)用分光光度计比色测定时为什么要设空白管?

(3)试分析该实验中如何减少实验误差,提高测量的准确度。

实验二　葡萄糖氧化酶法测定血糖

一、实验目的与要求

了解血糖含量的正常范围和生理意义,学习和掌握葡萄糖氧化酶法测定血糖含量的原理,熟练掌握葡萄糖氧化酶法测定血糖含量的基本步骤和实验方法。

二、实验原理

机体从碳水化合物的代谢中获得葡萄糖。葡萄糖是人体血液中最重要的单糖,血糖是维持细胞功能的能量供体。血清(浆)葡萄糖测定是诊断糖代谢紊乱的最常用和最重要的指标。正常情况下,空腹血清葡萄糖浓度为 3.9～6.1 mmol/L。葡萄糖含量增高见于糖尿病、葡萄糖摄入过量、胰岛素抵抗、柯兴氏综合征、脑血管意外等,葡萄糖含量降低见于胰岛素瘤、胰岛素过量、先天性碳水化合物代谢障碍等。

血糖含量测定方法很多,可分为氧化还原法、缩合法及酶法三大类。其中,氧化还原法是早期测定葡萄糖的方法,缩合法中的邻甲苯胺法的使用也在逐渐减少。目前,因酶法具有较高的灵敏度、准确度和精密度,反应条件温和,操作简单方便等特点,应用酶法测定血液葡萄糖被越来越多的实验室所采用。

本实验用葡萄糖氧化酶法测定血糖含量,具有高度特异性,更能反映血中葡萄糖的真实含量。葡萄糖氧化酶(glucose oxidase,GOD)对 *β-D*-葡萄糖的特异性很强。自然界中无水葡萄糖结晶为 *α-D* 型结构,在溶于水后可发生变旋光作用,部分转变为 *β-D* 型。待 2 h 后达到动态平衡,*α-D*-葡萄糖约占 36%,*β-D*-葡萄糖约占 64%。当酶催化 *β-D*-葡萄糖不断减少时,*α-D*-葡萄糖便转变成为 *β-D*-葡萄糖以参与反应。

在有氧条件下,葡萄糖氧化酶可催化 *β-D*-葡萄糖分子中的醛基氧化,生成葡萄糖酸并产生过氧化氢。在过氧化物酶(POD)和色原性氧受体的存在下,过氧化氢分解为水和氧。反应中释放的氧可被 4-氨基安替比林(4-AAP)偶联酚所接受,将酚氧化,并与 4-氨基安替比林缩合生成红色醌类化合物，且反应的呈色深浅与葡萄糖含量成正比。在同样条件下测定葡萄糖标准液和样品的吸光度，即可计算求出样品中的葡萄糖含量。

三、实验材料、器材与试剂

1. 材料

新鲜无溶血血清。

2. 器材

恒温水浴锅，分光光度计，移液器，试管及试管架，刻度吸管及刻度吸管架，洗耳球。

3. 试剂

(1)0.1 mol/L pH 7.0 磷酸盐缓冲液　称取 8.67 g 无水 Na_2HPO_4 和 5.3 g 无水 KH_2PO_4 溶于 800 mL 纯水中，用 1.0 mol/L 氢氧化钠或盐酸调节 pH 至 7.0，加水定容至 1 000 mL。

(2)酶酚混合试剂

①酶试剂：取葡萄糖氧化酶 1 200 U、过氧化物酶 1 200 U，4-氨基安替比林 10 mg、叠氮钠 100 mg，加 0.1 mol/L pH 7.0 磷酸盐缓冲液 80 mL 左右，调节 pH 至 7.0，再加 0.1 mol/L pH 7.0 磷酸盐缓冲液至 100 mL，混匀。4 ℃冰箱内保存可稳定 3 个月。

②酚试剂：称取苯酚 100 mg 溶于 100 mL 纯水中。因苯酚易在空气中氧化变红，可先配制成 500 g/L，棕色瓶贮存，用前稀释。

临用前取酶试剂、酚试剂按 1∶1 等量混合，可在冰箱中保存 1 个月。

(3)12 mmol/L 苯甲酸溶液　称取 1.4 g 苯甲酸，溶解后定容至 1 000 mL。

(4)100 mmol/L 标准葡萄糖贮存液　精确称取 1.802 g 在 80 ℃烘箱内干燥、恒重、冷却后的无水葡萄糖，以 12 mmol/L 苯甲酸溶液（防腐）溶解，稀释至 100 mL，置于冰箱保存。配制 2 h 后方可使用。

(5)5 mmol/L 标准葡萄糖应用液　取上述标准葡萄糖贮存液 5 mL，加 12 mmol/L 苯甲酸溶液稀释定容至 100 mL。

四、实验操作步骤

取 4 支洁净试管，按表 4-3 操作。

表 4-3　血糖的测定

项目	试管			
	空白管	标准管	测定管 1	测定管 2
血清/mL			0.02	0.02
5 mmol/L 标准葡萄糖应用液/mL		0.02		
纯水/mL	0.02			
酶酚混合试剂/mL	3	3	3	3

将以上各管充分混匀，37 ℃恒温水浴保温 15 min，以流水冷却至室温后，以空白管调零比色，于 505 nm 处分别读取标准管及测定管吸光度值。

按下列公式计算血清葡萄糖含量。

$$血清葡萄糖(mmol/L)=\frac{测定管吸光度值}{标准管吸光度值}\times 葡萄糖标准溶液浓度$$

五、实验注意事项

(1)规范使用移液器，注意叠氮钠、酚试剂的安全使用。

(2)实验使用玻璃器皿和比色皿必须清洗干净。

(3)试剂中酶的质量影响测定结果，酶酚试剂最好现配现用。

(4)葡萄糖标准液及样品加液量较少，尽量不要沾在试管壁上，以免影响测定结果。

(5)新配制的葡萄糖标准液主要是 α 型，故须放置 2 h 以上(最好过夜)，待变旋平衡后方可使用。

(6)测定样品使用血清或以草酸钾-氟化钠为抗凝剂的血浆。

(7)维生素 C、谷胱甘肽、左旋多巴等还原物质可与还原性氢受体竞争 H_2O_2，可能使结果偏低。

六、作业与思考

(1)血糖测定的生理意义是什么?

(2)葡萄糖氧化酶法测定血糖含量的基本原理是什么? 与其他方法相比，本实验有哪些优缺点?

(3)实验中为什么要用磷酸盐缓冲液配制酶试剂? 用纯水是否可以? 为什么?

实验三　蛋黄脂质的提取与鉴定

一、实验目的与要求

掌握从蛋黄中提取脂类物质的方法，了解薄层层析的原理，掌握薄层层析法定性、定量测定脂质各组分的方法。

二、实验原理

生物组织中的脂质成分包括三酰甘油(甘油三酯，TG)、胆固醇、脑磷脂和卵磷脂等。这些脂质在生物体内扮演着重要的角色，不仅参与供能和储能，还作为结构脂质的基本构件，参与机体物质和能量代谢。在生物体内，脂质成分通常与蛋白质结合，形成疏松的复合物。极性有机溶剂在提取脂质时，通过与脂质分子的亲水部分相互作用，降低脂质分子间的疏水相互作用力，同时减少与蛋白质的相互作用，从而提高提取效率和纯度。本实验以氯仿-甲醇混合液进行脂质提取，经过多次水洗，弃去含蛋白质的水层，留下溶有脂质的氯仿层。所提取的脂类可以在铺有硅胶 G 的玻璃板上进行薄层层析。

薄层层析是一种快速分离和定性分析少量物质的实验技术，其原理是基于混合物中各组分在互不混溶的两相（固定相和流动相）中吸附能力的差异。在特定条件下，对薄层板上的混合物斑点进行展开时，相同组分移动的距离与展层剂移动距离的比值（R_f 值）为一常数，可以作为组分定性的依据。薄层层析中常以涂布于支持板上的支持物作为固定相，通常使用硅胶 G、三氧化二铝或纤维素等，以合适的有机溶剂为流动相（展层剂）。

将提取的脂类混合液用毛细管点在薄层板的一端，置于密闭槽中，加入适宜有机溶剂为流动相。样品各组分的分子结构不同，吸附剂对其的吸附力不同，当展层剂流经点样点时，吸附力小的成分移动速度快，吸附力大的成分则移动速度慢，因此，各组分的移动距离不同，从而将各组分分开。各组分在板上显示的位置可用 R_f（比移）值表示。

$$R_f=\frac{\text{样品原点到斑点中心的距离}}{\text{原点到溶剂前沿的距离}}$$

三、实验材料、器材与试剂

1. 材料

蛋黄。

2. 器材

烘箱，研钵，试管及试管架，5 cm×20 cm 玻璃板，毛细管，滤纸，层析缸，铅笔，直尺。

3. 试剂

(1)氯仿-甲醇混合溶液　氯仿：甲醇＝2：1(体积比)。

(2)无水 Na_2SO_4。

(3)硅胶 G(200 目)。

(4)展层剂　氯仿：甲醇：乙酸：水＝170：30：20：7(体积比)。

(5)碘。

四、实验操作步骤

1. 蛋黄中脂质的提取

称取煮熟蛋黄 2 g 置于研钵中，另取 5 倍量的氯仿-甲醇混合溶液，一边研磨，一边缓慢加入混合溶剂，在保持摇匀的状态下提取 10 min。然后，经滤纸过滤到刻度试管中，取滤液加入 1/2 体积的水，振摇后静置。待溶剂逐渐分为 2 层（其中，上层为水层，下层为氯仿层）后，弃去水层，留下氯仿层，继续水洗 3～4 次，同样弃去水层。再加少量的无水 Na_2SO_4 吸取残留水分并直至溶液透明澄清。此澄清液即可用于脂质薄层层析点样。

2. 薄层层析法鉴定

(1)层析薄板的制备　称取 7.0 g 硅胶 G(200 目),加 23 mL 水,玻璃棒搅拌调匀后于 5 cm×20 cm 玻璃薄板上均匀铺层。玻璃板水平放置,室温下自然干燥。使用前于 110 ℃活化 30 min,冷却后保存于干燥器中,备用。

(2)点样　用毛细管取蛋黄提取液,于硅胶板上距底边 2 cm 处点样。加样后原点扩散直径不超过 3 mm。用冷风吹干。

(3)展层　点样后,硅胶板于氯仿∶甲醇∶乙酸∶水=170∶30∶20∶7(体积比)展层剂中饱和 20 min,再上行层析至展层液前沿到达薄层顶端约 2 cm 处停止展层。取出硅胶板,用铅笔轻轻绘出溶剂前沿,用热风吹干。

(4)显色　把硅胶板立即放入预先装置有数粒碘片的干净层析缸中,密闭几分钟,已经展层分开的脂质成分将分别吸附碘蒸气而显黄色斑点。

(5)R_f 值的测定与结果分析　计算各斑点 R_f 值,并分析各斑点分别应为何种脂质。

五、实验注意事项

(1)脂质的提取时注意控制各项提取条件。

(2)注意溶剂的安全使用和处理,避免环境污染和操作人员安全风险。

六、作业与思考

(1)做好本实验的关键步骤有哪些?为什么?

(2)薄层层析法定性、定量分析脂质各组分的原理是什么?

实验四　Soxhlet 抽提法测定粗脂肪含量

一、实验目的与要求

学习和理解脂肪的概念,学习和掌握用 Soxhlet 抽提器提取脂肪的原理和方法,熟悉利用重量分析法对粗脂肪进行定量测定。

二、实验原理

脂肪广泛存在于许多植物的种子和果实中,植物中脂肪含量及组分分析在鉴别品质优劣、选种和种质资源调查等研究和食品营养评价中都具有重要意义。目前普遍采用抽提法进行脂肪含量的测定,其中索氏抽提法(Soxhlet extractor method)是公认的经典方法,也是我国粮油分析首选的标准方法。

索氏抽提法的原理是将经前处理的样品用低沸点有机溶剂(乙醚或石油醚)回流提取,使样品中的脂肪进入溶剂中,然后蒸去溶剂所得到的残留物即为脂肪(或粗脂肪)。本法提取的脂溶性物质为脂肪类似物的混合物,除含有脂肪外,还含有磷脂、色素、树脂、固醇和芳香油等醚溶性物质。因此，索氏抽提法测得的脂肪称为粗脂肪。用该法测定样品含油量时，通常采用沸点低于 60 ℃的有机溶剂作为脂肪溶剂。此时，样品中结合状态的脂类(主要是脂蛋白)不能直接提取出来，需在一定条件下进行水解等处理，使之转变为游离脂肪后方能提取，所以该法又称为游离脂类定量测定的方法。

索氏抽提法适用于脂类含量较高但结合态的脂类含量较少、能烘干磨细且不易吸湿结块的样品中脂肪含量的测定。此法是抽提脂肪的经典方法，对大多数样品结果比较可靠，但耗费时间较长，溶剂使用量大，且需专门的索氏抽提器(图 4-1)。

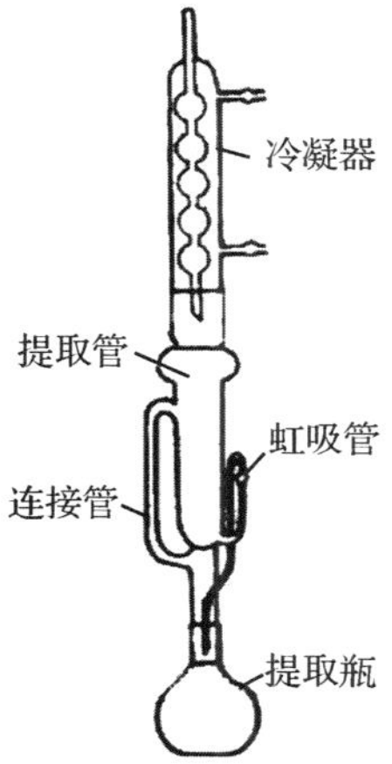

图 4-1　索氏抽提器示意图

索氏抽提器由提取瓶、提取管、冷凝器 3 部分组成，通过标准磨口相对接。提取管两侧分别有虹吸管和连接管。提取时将固体物质放在滤纸套内，置于提取管中。当溶剂加热沸腾后，蒸气通过连接管上升，被冷凝为液体滴入提取管中。待提取管内的液面达到一定高度，即发生虹吸现象，溶液回流入烧瓶，因此可萃取出溶于溶剂的部分物质。就这样利用溶剂回流和虹吸作用，循环往复，使固体中的可溶物富集到提取瓶内。

本实验采用索氏抽提法中的残余法，即样品经脂溶性溶剂反复抽提，使全部脂肪除去，根据样品质量和残渣质量之差计算粗脂肪含量，又叫滤纸包减重法。

三、实验材料、器材与试剂

1. 材料

油料作物种子。

2. 器材

分析天平，索氏抽提器，恒温水浴锅，电热鼓风干燥箱，干燥器(直径 15～18 cm，盛变色硅胶)，不锈钢镊子，中速滤纸，脱脂棉，培养皿，称量瓶，样品筛(60 目)。

3. 试剂

石油醚(30～60 ℃)或乙醚。

四、实验操作步骤

1. 样品的准备

根据分析材料中脂肪的含量确定实验需要称取样品的重量，具体可参考表 4-4。通常脂肪含量在 10%以下的，称取样品 10～20 g；脂肪含量为 50%～60%的，则称取样品 2～4 g。

表 4-4 常见植物干种子和种仁中油脂的含量

干样品	含油量/%	干样品	含油量/%
向日葵种子	23.5～45.0	大豆种子	10.0～25.0
向日葵种仁	40.0～67.8	玉米谷粒	3.0～9.0
芝麻种子	46.2～61.0	小麦谷粒	1.6～2.6
油菜种子	41.1～42.9	稻子谷粒	1.3～2.4
花生种仁	40.2～60.7	豌豆种子	0.7～1.9

将样品在 80～100 ℃电热鼓风干燥箱内烘去水分，烘干时需避免过热。样品颗粒不宜太大，一般要在研钵中研碎样品。研磨后的研钵，要用脱脂棉擦干净，并将此脱脂棉放入提取纸包中一并提取。用少量溶剂洗涤研钵，洗涤溶剂倒入提取管内。

样品若是液体，应将一定体积的样品滴在滤纸上，在 60～80 ℃电热鼓风干燥箱内烘干后，再装入提取管中进行实验。

2. 滤纸预处理

取滤纸切成 8 cm×8 cm，将其叠成一边不封口的纸包，用硬铅笔为每个滤纸包编写顺序号，并按顺序排列在培养皿中。将盛有滤纸包的培养皿移入(105±2)℃电热鼓风干燥箱中干燥 2 h，以去除滤纸包中的水分。取出，放入干燥器冷却至室温，按顺序将各滤纸包放入同一称量瓶中称重(记作 a)。称重时室内相对湿度保持在 55%～70%为宜。

3. 包装和干燥

将研细的样品装入已称重的滤纸包中，封口，放入(105±2)℃电热鼓风干燥箱中干燥 3 h。取出，放入干燥器中冷却至室温，按顺序号将各滤纸包依次放入称量瓶中称重(记作 b)。

4. 抽提(以石油醚为例)

将索氏抽提器各部分充分洗涤并用纯水润洗后烘干。用镊子将装有样品的滤纸包放入提取管中，注入一次虹吸量的 1.67 倍的石油醚，使样品包完全浸没。将抽提器各部分如图 4-1 所示连接好，接口处不能漏气。接通冷凝水，在恒温水浴中进行抽提(水浴锅中应为纯水)。调节水温在 70～80 ℃，使冷凝下滴的石油醚成连珠状(每分钟 120～150 滴或每小时回流 7 次以上)。抽提至提取管中的石油醚用滤纸点滴检查无油迹为止，表示已经提取完全(需 6～12 h)。

抽提完毕后，用镊子取出滤纸包，在通风处使石油醚挥发（抽提室温以 12～25 ℃为宜）。提取瓶中石油醚另行回收。

5. 称重与粗脂肪含量计算

待石油醚挥发之后，将滤纸包置于(105±2)℃电热鼓风干燥箱中干燥 2 h，取出放入干燥器中冷却至恒重，称重，记作 c。

按下式计算粗脂肪含量。

$$粗脂肪含量(\%)=\frac{b-c}{b-a}\times 100$$

式中：a 为滤纸包的质量，g；b 为滤纸包和烘干样的质量，g；c 为滤纸包和抽提后烘干残渣的质量，g。

五、实验注意事项

(1)样品的粗细要适宜。样品粉末过粗，脂肪不易抽提干净；样品粉末过细，则可能透过滤纸孔隙随回流溶剂流失。

(2)测定用样品、抽提器、抽提用有机溶剂都要进行脱水处理。

(3)采用索氏抽提法测定粗脂肪含量时，如将样品先回流 1～2 次，然后浸泡过夜，次日再继续抽提，可明显缩短抽提时间。

(4)使用乙醚、石油醚时，注意安全使用，严禁明火存在或用明火加热，乙醚中不得含有过氧化物，室内保持良好通风，以防燃爆。

(5)冷却和称重时，应将称量瓶盖子盖好，称重要迅速，干燥器中的吸水剂需新鲜。

(6)在整个操作过程中，应保持称量瓶清洁，不能用手直接拿取。

六、作业与思考

(1)为什么索氏抽提法提取的物质是粗脂肪？索氏抽提法为什么又称为游离脂类定量测定的方法？

(2)索氏抽提法的基本操作要点和影响因素有哪些？

实验五　脂肪酸价的测定

一、实验目的与要求

加深对油脂性质的理解，了解测定脂肪酸价的实际意义，掌握测定脂肪酸价的原理和操作步骤。

二、实验原理

酸价，也称酸值，是指中和 1 g 油脂中所含游离脂肪酸所需氢氧化钾的毫克数，用

mg/g 表示。酸价是脂肪中游离脂肪酸含量的标志，是反映油脂质量的主要技术指标之一。由于经过较长期的光、热、微生物等的作用，在长期贮藏过程中，脂肪会发生缓慢水解，产生游离脂肪酸。而脂肪的质量与游离脂肪酸的含量有关，一般用酸价作为衡量标准之一。在脂肪生产的条件下，酸价可作为水解程度的指标，在其贮藏的条件下，则可作为酸败的指标。脂肪中游离脂肪酸含量越低，酸价（酸值）越小，说明油脂质量、新鲜度和精炼程度越好。测定酸价可以评定油脂品质的好坏和贮藏方法是否恰当。

酸价的测定有热乙醇滴定法、中性乙醇-乙醚滴定法及电位计法。实验根据酸碱滴定原理，采用中性乙醇-乙醚滴定法进行酸价测定。根据脂肪和脂肪酸能溶于有机溶剂的特性，用中性乙醇和乙醚混合溶剂溶解油样和其中的脂肪酸，然后以酚酞作指示剂，用氢氧化钾标准溶液进行滴定，根据油样消耗碱液的量计算出油脂酸价。

化学反应式为：$RCOOH + KOH \longrightarrow RCOOK + H_2O$

三、实验材料、器材与试剂

1. 材料

市售各种植物油或动物油脂。

2. 器材

分析天平，恒温水浴锅，碱式滴定管，锥形瓶，容量瓶，刻度吸管及刻度吸管架，量筒，滴管，洗耳球。

3. 试剂

(1)0.1 mol/L 氢氧化钾。

(2)1%酚酞指示剂　称取 0.5 g 酚酞用 95%乙醇溶解定容至 50 mL。

(3)中性乙醚-乙醇(2∶1)混合溶剂　乙醚和无水乙醇按体积比 2∶1 混合，加入酚酞指示剂 2 滴，用 0.1 mol/L 氢氧化钾标准溶液滴定中和至呈微红色。

四、实验操作步骤

1. 0.1 mol/L 氢氧化钾标准溶液的配制与标定

称取 0.56 g 氢氧化钾定容至 100 mL 95%的乙醇溶液中。

由于 KOH 在空气中易吸收水分和 CO_2，直接配制不能获得准确的浓度，需要先配成近似浓度的溶液，然后用基准物质邻苯二甲酸氢钾进行标定。

KOH 标准溶液浓度的标定：将邻苯二甲酸氢钾在 105～110 ℃的烘箱中烘至恒重。准确称取 0.3～0.4 g 已经烘至恒重的邻苯二甲酸氢钾，加 50 mL 纯水使其溶解，向其中滴入 2 滴酚酞指示剂，用待标定的 KOH 溶液滴定至微红色，30 s 不褪色即为终点。记录 KOH 的用量。

按下式计算氢氧化钾溶液的浓度。

$$c=\frac{m\times 100}{V\times M}$$

式中：c 为氢氧化钾溶液的浓度，mol/L；m 为邻苯二甲酸氢钾的质量，g；V 为消耗氢氧化钾溶液的体积，mL；M 为邻苯二甲酸氢钾的摩尔质量，204 g/mol。

2. 样品酸价的测定

称取混匀的试样 3～5 g 于干燥、洁净的锥形瓶中，加入中性乙醚-乙醇（2∶1）混合溶剂 50 mL，摇动使试样完全溶解（固体脂肪需先水浴溶化）。加入 3 滴酚酞指示剂，用标定后的 0.1 mol/L 氢氧化钾标准溶液滴定至出现微红色，在 30 s 内不褪色，记录消耗的 KOH 标准溶液的体积（V_1）。

另取一个锥形瓶，以不加试样作为空白，同上操作。记录消耗的 KOH 标准溶液的体积（V_0）。

3. 样品酸价的计算

$$油脂酸价=\frac{(V_1-V_0)\times c\times 56.1}{m}$$

式中：V_1 为样品滴定消耗的氢氧化钾标准溶液的体积，mL；V_0 为空白对照滴定消耗的氢氧化钾标准溶液的体积，mL；c 为 KOH 标准溶液的浓度，mol/L；56.1 为 KOH 的摩尔质量，g/mol；m 为试样质量，g。

五、实验注意事项

（1）实验中注意乙醚试剂的安全、规范使用，实验后所留溶剂应进行集中回收和专业处理。

（2）实验过程中，当样品溶液颜色较深时，可减少取样量，或适当增加混合溶剂的用量。也可以采用百里酚酞或麝香草酚酞等作为指示剂，使得测定终点的变色更加明显。

（3）因为蓖麻油不溶于乙醚，测定蓖麻油的酸价时，只用中性乙醇作为溶剂。

（4）若滴定过程中出现浑浊或者分层的现象，表明由碱液带入的水过多，乙醇用量不足以使乙醚与碱溶液互溶，可以通过补加 95%乙醇，促使均一相体系的形成。

（5）每个样品做两个平行实验，取平均值进行计算。

六、作业与思考

（1）什么是酸价？测定油脂酸价有什么实际意义？

（2）做好实验的关键有哪些？为什么？

实验六　甲醛滴定法测定氨基氮含量

一、实验目的与要求

了解氨基酸的两性离子性质，学习和掌握甲醛滴定法定量测定氨基氮含量的原理和操作要点。

二、实验原理

氨基酸在水溶液中表现为两性电解质，其中 —NH_3 为弱碱，完全解离时的 pH 为 11～12 或更高。由于一般指示剂的变色域小于 10，若直接用碱滴定 —NH_3 释放的 H^+ 来测定氨基酸，很难准确指示滴定终点。

用甲醛处理氨基酸，甲醛与氨基反应，形成羟甲基衍生物，促使 —NH_3 释放 H^+，使溶液的酸度增加，滴定终点移至酚酞的变色域内（pH 9.0 左右），从而可以用酚酞作为指示剂，用标准碱液进行滴定测定氨基氮，从而计算出氨基酸的含量。

甲醛滴定法简便快速，常用来测定蛋白质的水解程度，随着水解程度的增加，滴定值也增加，当滴定值保持平衡时，表明水解作用已完全。

三、实验材料、器材与试剂

1. 材料

甘氨酸。

2. 器材

锥形瓶，刻度吸管，碱式滴定管，滴管，洗耳球。

3. 试剂

(1)1%甘氨酸溶液　称取 1 g 甘氨酸溶解并定容至 100 mL。

(2)中性甲醛溶液　取 50 mL 甲醛，加 3 mL 0.5%酚酞指示剂，滴加 0.1 mol/L 氢氧化钠至溶液呈现微粉红色。临用前配制。

(3)0.05%溴麝香草酚蓝溶液　称取 0.05 g 溴麝香草酚蓝溶解于 100 mL 20%乙醇溶液中。

(4)0.5%酚酞溶液　称取 0.5 g 酚酞溶解于 100 mL 60%乙醇溶液中。

(5)标准 0.1 mol/L 氢氧化钠溶液　可用邻苯二甲酸氢钾标定配制。

四、实验操作步骤

取 3 只锥形瓶，编号，按表 4-5 进行操作。

表 4-5　甲醛滴定法测定氨基氮含量

项目	瓶号		
	1(对照)	2(样品)	3(样品)
1%甘氨酸溶液/mL		2	2
蒸馏水/mL	7	5	5
中性甲醛溶液/mL	5	5	5
0.05%溴麝香草酚蓝溶液/滴	2	2	2
0.5%酚酞溶液/滴	4	4	4

混合均匀后，分别用标准 0.1 mol/L 氢氧化钠溶液滴定，至溶液显紫色为止。

按下式计算每毫升氨基酸溶液中含氨基氮的质量(mg)。

$$每毫升氨基酸溶液中含氨基氮的质量(mg)=\frac{(V_{样品}-V_{对照})\times 1.4008}{2}$$

式中：1.400 8 为 1 mL 0.1 mol/L 氢氧化钠溶液相当的氮质量，mg；$V_{样品}$ 为滴定样品消耗 0.1 mol/L 氢氧化钠溶液的体积，mL；$V_{对照}$ 为滴定空白对照消耗 0.1 mol/L 氢氧化钠溶液的体积，mL。

五、实验注意事项

(1)标准氢氧化钠溶液应在使用前标定，并在密闭瓶中保存。

(2)甲醛与某些氨基酸(如脯氨酸)反应时可能会生成不稳定的化合物，易导致滴定结果偏低或偏高。

六、作业与思考

(1)甲醛滴定法为什么可以用于测定氨基氮的含量？有哪些因素影响结果的准确度？

(2)甲醛滴定法是否适用于准确测定含有多种氨基酸的样品中的氨基氮？

实验七　薄层层析法分离氨基酸

一、实验目的与要求

了解薄层层析的一般原理和技术特点，学习和掌握薄层层析法分离氨基酸的原理和操作方法。

二、实验原理

薄层层析法是一种用于检验微量物质的快速而准确的分析分离手段，其通过将固相支持物(或称吸附剂)均匀铺在玻璃板上制成薄层板，将待分析的样品点到薄层板上，利用不同物质在固定相和流动相之间的分配过程达到分离目的。

由于各种氨基酸的极性不同，与氧化铝、硅胶、纤维素粉等吸附剂和展层剂的亲和力存在差异，当展层剂在薄层板中移动时，各氨基酸组分在薄板上的移动距离不同，各种氨基酸得以分离。展层的过程即样品各组分得到分离的过程，是一个吸附、解析、再吸附、再解析的连续过程。

薄层层析法操作简便、快速、灵敏，具有较好的分离效果和显色容易的特点，因此被广泛应用于氨基酸、多肽、核苷酸、脂质、糖类、生物碱等多种物质的分离和鉴定。

三、实验材料、器材与试剂

1. 材料

(1)标准氨基酸溶液 0.5%的脯氨酸、丙氨酸、组氨酸、苯丙氨酸。

(2)未知氨基酸样品溶液。

2. 器材

电子天平,鼓风干燥箱,吹风机,玻璃板,毛细管,层析缸,烧杯,量筒,直尺、铅笔。

3. 试剂

(1)硅胶 G。

(2)黏合剂 0.5%的柠檬酸与1%的羧甲基纤维素钠混合,煮沸至无气泡,冷却,静置分层后备用。

(3)展层剂 正丁醇∶冰乙酸∶水=4∶1∶2(体积比),并按每100 mL展层剂溶液加入0.2 g水合茚三酮的比例添加显色剂。

四、实验操作步骤

1. 薄层板的制备

称取14 g硅胶,加25 mL黏合剂,置于研钵中充分研磨,待成均匀的膏状后均匀涂层于洁净的干燥玻璃板上,水平放置,室温下自然晾干。将晾干的薄层板置于105 ℃干燥箱内活化30 min。

2. 点样

距硅胶板底边2 cm处画一条直线,并在线上均匀确定点样点。用毛细管分别吸取标准氨基酸溶液、未知氨基酸样品溶液,于硅胶板垂直方向轻轻点样。每次点样后扩散的直径最大不超过3 mm。点样过程中,必须在第一次样品干后再点第二次。为加快样品干燥,可用吹风机吹干,注意温度不宜过高,以免损坏氨基酸。标准氨基酸溶液点样3~5次,未知氨基酸样品溶液点样5~7次。

3. 展层与显色

在层析缸中加入适量展层剂,加盖平衡0.5 h。将点好样的薄层板置于层析缸,点样端向下,且展层剂液面低于点样线。盖好层析缸盖,上行展层。当展层剂前沿离薄板顶端边缘1 cm时,停止展层,取出薄板,用铅笔描出溶剂前沿位置,自然干燥或在85 ℃干燥箱烘干,即可显出层析斑点。

4. 结果处理

量出点样原点至展层剂前沿,以及各斑点中心的距离,按下式分别计算 R_f 值。

$$R_f = \frac{\text{点样原点至斑点中心的距离}}{\text{点样原点至展层剂前沿的距离}}$$

根据 R_f 值，对比标准氨基酸，绘出层析图谱，鉴定未知氨基酸样品。

五、实验注意事项

(1)薄层板的制备时，硅胶 G 研磨时间应掌握在 3～5 min 为宜。

(2)实验过程中须保持薄层板的洁净，避免各类污染。

(3)点样次数和点样量依照样品溶液浓度而定，若过少，有的成分不易显示；若过多，则易造成斑点过大、拖尾。

六、作业与思考

(1)薄层层析法分离分析氨基酸的原理是什么？

(2)薄层层析法分离氨基酸包括哪些关键操作？

实验八　茚三酮法测定脯氨酸含量

一、实验目的与要求

了解脯氨酸与植物逆境、衰老的关系，掌握脯氨酸测定原理和测定方法。

二、实验原理

在正常环境条件下，植物体内游离脯氨酸含量较低，但在逆境条件下，如干旱、低温、高温、盐渍、衰老等，植物体内游离脯氨酸含量可以增加 10～100 倍。这种增加与逆境的程度和植物的抗逆性有关，表明脯氨酸的积累是植物对逆境的一种适应性反应。测定植物体内游离脯氨酸的含量，在一定程度上可以判断逆境对植物的危害程度和植物对逆境的抵抗力。

脯氨酸与茚三酮在酸性条件下可以发生反应，生成稳定的红色缩合物，在 515 nm 处有最大吸收峰，可以用分光光度法测定。

三、实验材料、器材与试剂

1. 材料

植物组织。

2. 器材

恒温水浴锅，电炉，分光光度计，大试管与大试管架，研钵，量筒，滴管，洗耳球。

3. 试剂

(1)酸性茚三酮溶液　称取 1.25 g 茚三酮溶于 30 mL 冰乙酸和 20 mL 6 mol/L 磷酸溶液中，搅拌加热(低于 70 ℃)溶解，冷却后置棕色瓶中贮存。4 ℃保存可使用 2～3 d。

(2)80%乙醇。

(3)脯氨酸标准溶液　称取 10 mg 脯氨酸，用少量 80%乙醇溶解，蒸馏水定容至 100 mL（100 μg/mL）。再取此液 10 mL，用蒸馏水稀释至 100 mL，即为 10 μg/mL 脯氨酸标准液。

四、实验操作步骤

1. 样品脯氨酸的提取

称取 0.2～0.5 g 植物样品放入研钵中，用总量为 10 mL 80%乙醇研磨成匀浆，用剩余 80%乙醇洗研钵并将匀浆液移入大试管。密封，在黑暗下浸提 1 h（样品为绿色叶片时，应加入少许活性炭）。过滤提取液，并加 1 g 人造沸石振荡 15 min，室温下 3 000 r/min 离心 5 min，上清液备用。

2. 脯氨酸标准曲线的制作

取 7 支试管，编号，按表 4-6 加入试剂。

表 4-6　脯氨酸标准曲线的制作

项目	管号						
	0	1	2	3	4	5	6
脯氨酸标准溶液/mL	0	0.2	0.4	0.6	0.8	1.0	1.2
标准脯氨酸/μg	0	2	4	6	8	10	12
蒸馏水/mL	2	1.8	1.6	1.4	1.2	1.0	0.8
冰乙酸/mL	2	2	2	2	2	2	2
酸性茚三酮溶液/mL	2	2	2	2	2	2	2

各管混合均匀，沸水浴中加热 20 min，流水冷却，以 0 号管为空白调零，于分光光度计 515 nm 处比色测定吸光度值。以脯氨酸含量为横坐标，吸光度值为纵坐标，绘制标准曲线。

3. 样品测定与脯氨酸含量计算

取脯氨酸提取液 2 mL，加入 2 mL 冰乙酸、2 mL 酸性茚三酮溶液于大试管中，充分混匀，沸水浴加热 20 min，冷却后于 515 nm 波长下测定吸光度值。从标准曲线上查出对应的脯氨酸含量（μg）。

按下式计算样品中脯氨酸含量。

$$\text{脯氨酸含量}(\mu g/g)=\frac{C\times 5}{W}$$

式中：C 为由标准曲线查得的待测样品脯氨酸含量，μg；W 为植物样品质量，g；5 为提取脯氨酸时 80%乙醇体积（10 mL）与测定时所取样品液体积（2 mL）比。

五、实验注意事项

(1)酸性茚三酮溶液最好现用现配。

(2)注意实验操作安全。

六、作业与思考

(1)植物组织内游离脯氨酸测定有何意义?

(2)脯氨酸提取除本实验方法外,还有何方法?测定时应进行哪些改变?

实验九　乙酸纤维素薄膜电泳法分离血清蛋白质

一、实验目的与要求

理解电泳技术的一般原理,学习和掌握利用乙酸纤维素薄膜电泳分离血清蛋白质及其定性定量的方法,熟悉电泳仪器的使用和操作。

二、实验原理

电泳是电泳现象的简称,是指带电颗粒在电场作用下,向着与其电性相反的电极移动的现象。利用带电粒子在电场中移动速度不同而达到分离的技术称为电泳技术。根据不同的标准,可以将电泳分为不同种类。

乙酸纤维素薄膜电泳(cellulose acetate membrane electrophoresis)是以乙酸纤维素薄膜为支持物的电泳技术。乙酸纤维素是纤维素的羟基乙酰化形成的纤维素乙酸酯。该膜具有均一的泡沫状结构,渗透性强,对分子移动无阻力,厚度约 120 μm。乙酸纤维素薄膜电泳具有微量、快速、简便、分辨力高、对样品无拖尾和吸附等优点。目前,该技术广泛应用于血清蛋由、脂蛋白、血红蛋白、糖蛋白和同功酶的分离和测定等方面。

血清中含有数种蛋白质。各种蛋白质由于相对分子质量、等电点及形状等不同(表 4-7),在电场中迁移速度不同。相对分子质量小、等电点低、带电荷多、质点直径越小、越接近于球形,在同一 pH 溶液中,泳动速度越快;反之,则越慢。因此,可利用电泳法将它们分离开来。

以乙酸纤维素薄膜为支持物,将正常人或动物血清在 pH 8.6 的缓冲液体系中电泳 1 h 左右分离血清蛋白,以氨基黑 10B 染色后通常可显示 5 条区带,其中,清蛋白泳动最快,其余依次为 α_1-球蛋白、α_2-球蛋白、β-球蛋白、γ-球蛋白(图 4-2)。区带颜色深浅与蛋白质含量成正比,故可通过分光光度法或直接进行光吸收扫描,定量计算出血清中白蛋白及球蛋白的相对含量。临床医学常用各组分间相对百分比的改变或异常区带的出现作为鉴别诊断的依据。

表 4-7 血清中 5 种蛋白质的等电点、相对分子质量和含量

蛋白质	等电点(pI)	相对分子质量(M_r)	含量/%
清蛋白	4.88	6 900	51～61
α_1-球蛋白	5.06	200 000	4～5
α_2-球蛋白	5.06	300 000	6～9
β-球蛋白	5.12	90 000～150 000	9～12
γ-球蛋白	6.85～7.56	156 000～300 000	15～20

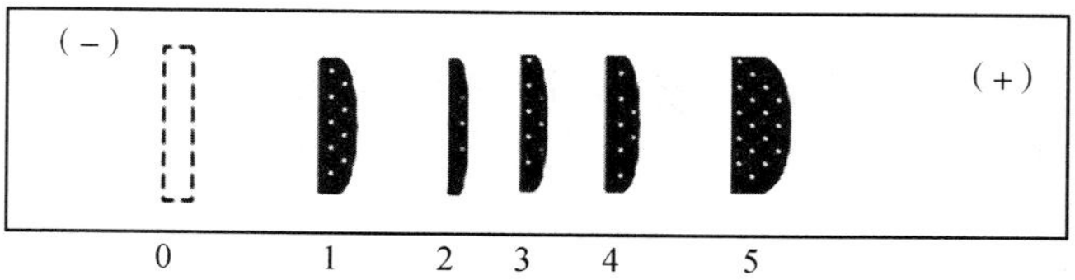

注：0 为点样原点，1~5 依次是 γ- 球蛋白、β- 球蛋白、α_2 - 球蛋白、α_1 - 球蛋白、清蛋白

图 4-2 血清蛋白质乙酸纤维素薄膜电泳结果示意

三、实验材料、器材与试剂

1. 材料

未溶血的人或动物血清。

2. 器材

电泳仪和电泳槽，分光光度计，自动光吸收扫描仪(或色谱扫描仪)，乙酸纤维素薄膜(2 cm×8 cm)，培养皿，白瓷盘，镊子，点样器和点样管(自制)，直尺，铅笔，滤纸，吹风机，试管及试管架，刻度吸管及刻度吸管架，洗耳球。

3. 试剂

(1)巴比妥缓冲液(pH 8.6，离子强度 0.07)　称取 2.76 g 巴比妥和 15.45 g 巴比妥钠，溶于少量纯水后定容至 1 000 mL。

(2)染色液　称取 0.25 g 氨基黑 10B，加 50 mL 甲醇和 10 mL 冰乙酸，混匀，用纯水稀释至 100 mL。在具塞试剂瓶内贮藏(可重复使用)。

(3)漂洗液　取 45 mL 95%乙醇，5 mL 冰乙酸，混匀，用纯水稀释至 100 mL。

(4)透明液　取 15 mL 冰乙酸和 85 mL 无水乙醇，混匀即得。

(5)0.4 mol/L 氢氧化钠溶液　称取 1.6 g 氢氧化钠，加纯水溶解定容至 100 mL。

四、实验操作步骤

1. 薄膜和仪器的准备

(1)乙酸纤维素薄膜的润湿和选择　取薄膜放在巴比妥缓冲液中浸泡 0.5 h 以上，使

其自然浸润。若薄膜在 15～30 s 内能够迅速润湿，而且整条薄膜色泽深浅一致，则此膜均匀，可用于电泳；若薄膜润湿速度缓慢，且色泽深浅不一或有条纹及斑点，则表示薄膜厚度不均匀，不能使用而应弃去。

(2)滤纸桥的制作　将电泳槽置于水平平台上，巴比妥缓冲液注入电泳槽中，两边的缓冲液高度要在同一平面上。取双层尺寸合适的滤纸条覆盖在电泳槽的支架上，使它的一端与支架的前沿对齐，而另一端浸入电泳槽的缓冲液内，即为滤纸桥(图 4-3)。注意将滤纸条用缓冲液全部润湿并驱除气泡，使滤纸条紧贴在支架上。滤纸桥的作用是联系薄膜与电极缓冲液。

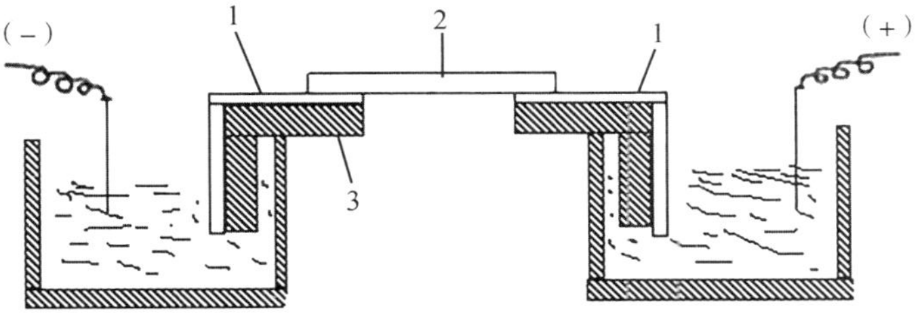

1. 滤纸桥　2. 乙酸纤维素薄膜　3. 电泳槽支架

图 4-3　单侧电泳装置剖视示意图

2. 点样

薄膜充分浸透后，用镊子轻轻取出，夹在两层滤纸内，轻轻吸去膜上多余的巴比妥缓冲液，剩余吸水量以不干不湿为宜。将薄膜毛面朝上，平放在干净的滤纸上，选择距一端 1.5 cm 处为点样区。点样时，先用点样管将 2～3 μL 的血清均匀地涂在点样器表面(该点样器由载玻片一端磨成具有斜面而制成)，然后将点样器上的血清垂直地"印"在薄膜的点样区内，确保血清渗入膜内。

点样应适量，不宜过多或过少。血清应均匀分布在点样区，形成细窄、匀称、集中的直线，切不可用力过大把薄膜弄破，事先可在滤纸上练习点样。掌握点样技术，是获得具有清晰区带电泳图谱的主要环节(图 4-4)。

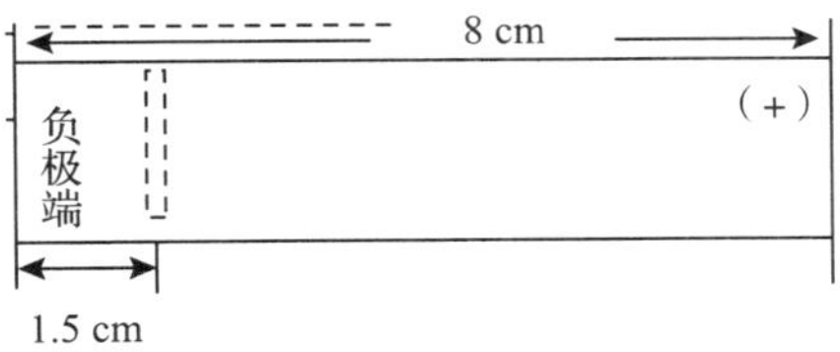

图 4-4　乙酸纤维素薄膜电泳点样位置示意

3. 电泳

将薄膜平悬(摆正，平直无弯曲)于电泳槽支架两端的滤纸桥上，薄膜条上点样的一端靠近负极，毛面朝下。

盖严电泳槽盖，平衡 5～10 min。正确连接电泳槽与电泳仪对应的正负极，开启电源通电。将电压调至90～110 V,电流为0.4～0.6 mA/cm,一般通电时间为45～60 min。在电泳过程中应注意控制电压和电流强度,防止过高或偏低。

4. 染色

电泳完毕立即断电。用镊子取出薄膜,浸没入染色液中染色5 min。染色过程中可不时轻轻晃动染色皿,以使染色充分。

5. 漂洗

从染色液中取出薄膜,先用流水缓慢冲洗,再置于漂洗液中反复漂洗,直至背景颜色脱尽为止,得到色带清晰的电泳图谱。

6. 透明

将漂洗后的薄膜用电吹风吹干后,浸入透明液中5～6 min后取出,平贴于干净的玻璃板上(注意不要存留气泡),放置5 min后,用吹风机将膜吹干。用刀片从膜的一角撬起,并划开一端,再用手捏住撬起的膜轻轻撕下,压平。此薄膜透明、区带着色清晰,长期保存不褪色,可用于光吸收计扫描。

7. 结果判断与定量

(1)洗脱法　将漂洗干净而未经透明处理的电泳图谱上电泳区带依次剪下,并在该薄膜上的空白处(应无任何污染)剪一块与清蛋白区带面积相同的薄膜作为空白,分别浸于盛有4 mL 0.4 mol/L氢氧化钠溶液的试管中,摇匀,于37 ℃恒温水浴中振摇浸提30 min,使染色的蛋白质浸出。在620 nm波长处比色,测定各管的吸光度值分别为A_m、A_{α_1}、A_{α_2}、A_β、A_γ。

(2)光吸收扫描法　将已透明好的血清蛋白乙酸纤维素薄膜电泳图谱放入自动光吸收扫描仪(或色谱扫描仪)内,通过反射(用未透明薄膜)或透射(用已透明的薄膜)方式,在记录器上自动绘出蛋白质各组分曲线图,横坐标为膜的长度,纵坐标为光吸收值。每一个峰代表一种蛋白质组分,每个峰的面积与总面积的百分比代表血清中各种蛋白质组分的含量。在使用具有电子计算机附件的自动扫描光密度仪时,可以从数字显示部分或打字带上直接获得每条区带的蛋白质含量。

五、实验注意事项

(1)不要用手触摸乙酸纤维素薄膜。

(2)薄膜的浸润与选膜是电泳成败的关键之一。

(3)点样时,动作要轻稳,用力不能太大,不要重复点样。

(4)电泳槽内的缓冲液要保持清洁,两极溶液要交替使用,每次电泳之前,连接正极、负极的线路调换使用。

(5)电泳时应将薄膜的点样端靠近电泳槽的负极端,且点样面向下。

(6)电泳槽两边的缓冲液要在同一水平面,防止出现虹吸现象,影响蛋白质分子的泳动速度。

(7)通电完毕,要先断开电源,再取薄膜。

(8)严格控制染色时间。时间过长,薄膜底色不易脱去;时间太短,着色不易区分,或造成条带染色不均匀,必要时可进行复染。

六、作业与思考

(1)将电泳图谱贴在实验报告上,标出各区带名称、说明为什么这些区带按这种次序排列并对各区带的清晰程度加以分析。

(2)根据实验定量测定数据,计算血清各组分所占百分率。

(3)乙酸纤维素薄膜电泳时,应该注意哪几个关键环节?

(4)电泳时,乙酸纤维素薄膜的点样端置于电泳槽的负极端还是正极端?为什么?

(5)如果实验中使用溶血的血清,在电泳中会出现怎样的结果?

实验十 牛奶酪蛋白的制备与含量测定

一、实验目的与要求

学习和掌握蛋白质等电点沉淀法制备牛奶酪蛋白的原理和实验方法,学习和掌握双缩脲法定量测定蛋白质含量的基本原理与操作技术。

二、实验原理

蛋白质是一种比较稳定的亲水胶体。其保持稳定的因素在于:①蛋白质颗粒含有氨基、羧基、巯基等很多极性基团,在水溶液中蛋白质颗粒表面形成水化层;②非等电点状态时,蛋白颗粒带有相同电荷,互相排斥。但若调节蛋白质溶液的 pH 至等电点,并加入脱水剂或加热,蛋白质颗粒表面的电荷层和水化层被破坏,蛋白质分子就相互凝聚而析出。等电点沉淀法主要就是利用两性电解质分子在等电点时溶解度最低的原理,而多种两性电解质具有不同等电点而进行分离的一种方法。

牛奶是一种主要由水、脂肪、蛋白质、乳糖和盐组成的乳状液。酪蛋白是牛奶中的主要蛋白质(含量约为 35 g/L),是一种含磷蛋白质的复杂混合物,其等电点(pI)约为 4.7。利用等电点时蛋白质溶解度最低的性质,将牛奶的 pH 调至 4.7 时,蛋白质所带正、负电荷相等,呈电中性,此时酪蛋白的溶解度最小,会从牛奶中沉淀出来,以此提取酪蛋白。因酪蛋白不溶于乙醇和乙醚,可用此两种溶剂除去酪蛋白中的脂肪。生产中常将等电点沉淀法与有机溶剂沉淀法、盐析法并用,以提高沉淀的效果。

双缩脲(NH_2—CO—NH—CO—NH_2)是两分子尿素(脲)经 180 ℃左右加热,释出一分子氨(NH_3)而形成的产物。双缩脲反应的实质是在碱性溶液中 Cu^{2+} 与双缩脲结合形成复杂的紫色络合物。反应产物在 540 nm 处有最大光吸收。而蛋白质及多肽的肽键与双缩脲的结构类似,也能与铜离子在碱性环境中发生双缩脲颜色反应,可以用双缩脲试剂鉴定蛋白质的存在。

三、实验材料、器材与试剂

1. 材料

市售盒装牛奶。

2. 器材

离心机，分光光度计，循环水真空泵，布氏漏斗，抽滤瓶，恒温水浴锅，表面皿，量筒，刻度吸管，烧杯，试管和试管架，滴管。

3. 试剂

(1)0.2 mol/L pH 4.7 醋酸-醋酸钠缓冲溶液　称取 NaAc·$3H_2O$ 48.18 g，量取优纯醋酸(含量大于 99.8%)14.76 g，溶解混匀，定容至 3 000 mL。

(2)双缩脲试剂　称取硫酸铜($CuSO_4\cdot 5H_2O$)2.0 g，酒石酸钾钠($KNaC_4H_4O_6\cdot 4H_2O$)6.0 g，分别用 250 mL 蒸馏水溶解，一并转移至容量瓶(1 000 mL)中混合，再加入 10%氢氧化钠溶液 300 mL，随加随摇匀，用蒸馏水稀释至 1 000 mL。此试剂最好保存在塑料瓶中，如无红色或者黑色沉淀出现，可长期使用。

(3)标准酪蛋白溶液(10.0 mg/mL)　称取酪蛋白约 7 g，加 0.2 mol/L 氢氧化钠 250 mL，于 40～50 ℃水浴中搅拌使完全溶解，加蒸馏水至 500 mL，用凯氏定氮法测定该蛋白质溶液的浓度，然后稀释至标准浓度约 10.0 mg/mL，装入试剂瓶，－4 ℃保存备用。

(4)0.2 mol/L 氢氧化钠溶液。

(5)95%乙醇。

(6)乙醇-乙醚等体积混合液。

(7)无水乙醚。

四、实验操作步骤

1. 酪蛋白等电点沉淀

取预先放冰箱中冷却的消毒牛奶 6 mL，3 000 r/min 离心 10 min，吸去脂肪层并小心倾倒至 50 mL 烧杯内，40 ℃左右恒温水浴加热，在搅拌下慢慢加入 10 mL 左右 40 ℃预热的 0.2 mol/L pH 4.7 醋酸-醋酸钠缓冲液。牛奶与缓冲液的混合液中有大量絮状物沉下。将反应液冷至室温，3 000 r/min 离心 10 min，弃去上清液，得酪蛋白粗品。

2. 去除脂类杂质

用蒸馏水洗酪蛋白沉淀粗品 3 次(每次 5 mL 左右)，3 000 r/min 离心 10 min，弃去上清液。

将蒸馏水洗后的沉淀置研钵研碎，渐加 5 mL 95%乙醇，静置片刻，将悬浮液转移至布氏漏斗抽滤。

用乙醇-乙醚等体积混合液冲洗沉淀抽干后的制品 2 次(每次 5 mL)。

用无水乙醚冲洗沉淀 2 次(每次 5 mL)，抽干。

将沉淀物摊开在表面皿上，风干（或烘箱烘干），得酪蛋白制品。

3. 计算酪蛋白获得率

称重，记录，计算酪蛋白提取得率。

$$酪蛋白得率(\%)=\frac{测定质量}{理论质量}\times 100$$

式中：测定质量为$\frac{酪蛋白克数}{100\ mL\ 试样}$；理论质量为$\frac{3.5\ g\ 酪蛋白}{100\ mL\ 牛奶}$。

4. 双缩脲法测定酪蛋白含量

(1)酪蛋白标准曲线的制作 取6支试管，按表4-8加入各试剂。

表4-8 酪蛋白标准曲线的制作

项目	管号					
	0	1	2	3	4	5
标准酪蛋白溶液/mL	0	0.2	0.4	0.6	0.8	1.0
水/mL	1.0	0.8	0.6	0.4	0.2	0
双缩脲试剂/mL	4.0	4.0	4.0	4.0	4.0	4.0

每加一种试液均须混匀，待室温反应30 min后，以0号管作为空白对照管，于540 nm处测定吸光度值。以标准酪蛋白(mg)为横坐标，540 nm对应吸光度值为纵坐标，绘制酪蛋白标准曲线。

(2)样品中酪蛋白含量测定 称取0.1 g酪蛋白制品置于100 mL烧杯中，加入5 mL 0.2 mol/L氢氧化钠溶液，待溶解后，以蒸馏水定容至100 mL。按表4-9测定样品中酪蛋白含量。

表4-9 样品中酪蛋白的测定

项目	管号			
	0	1	2	3
样品/mL	0	1.0	1.0	1.0
双缩脲试剂/mL	4.0	4.0	4.0	4.0

以0号管作为空白对照管，于540 nm处测定吸光度值。根据测定的样品酪蛋白的吸光度值，在标准曲线上查出其对应的蛋白质量(mg)，计算酪蛋白溶液的质量浓度(mg/mL)。

五、实验注意事项

(1)酪蛋白在等电点(pH=4.7)时溶解度最低，因此需要将牛奶的pH调节至4.7以促进酪蛋白的沉淀。

(2)实验过程中应注意安全,避免试剂接触皮肤或眼睛。

(3)实验过程中,可能伴随有一些乳清蛋白沉淀,测定出来的酪蛋白值可能略高于相应的实际值或理论值。

(4)一切蛋白质或二肽以上的多肽都有双缩脲反应,但有双缩脲反应的物质不一定都是蛋白质或多肽。含有$—CSNH_2$、$—CRHNH_2$、$—CH_2NH_2$、$—CHNH_2—CH_2OH$等基团的物质以及乙二酰二胺等物质也有此反应。NH_3也干扰此反应,因为NH_3与Cu^{2+}可生成暗蓝色的络离子$Cu(NH_3)_4^{2+}$。

六、作业与思考

(1)什么是蛋白质的等电点?它有什么实际应用价值?

(2)制备高产率高纯度酪蛋白的关键是什么?

(3)双缩脲法测定蛋白质的原理是什么?还有其他什么方法可以用来测定蛋白质的含量?并比较其优缺点。

(4)试设计一个利用蛋白质其他性质提取蛋白质的实验。

实验十一 凝胶层析法分离血红蛋白和硫酸铜

一、实验目的与要求

了解凝胶层析的基本原理,掌握凝胶层析的操作。

二、实验原理

凝胶层析法是指利用凝胶分子的分子筛效应,根据被分离物质分子大小和形状不同来进行分离的层析技术,又称为排阻层析、分子筛层析或凝胶渗透层析。凝胶层析具有设备简单、操作方便、重复性好等特点,既可用于蛋白质、多糖和核酸等生物大分子的分离,也可用于生物大分子相对分子质量的检测,还可用于生物大分子的脱盐,现已广泛地应用于生物化学、分子生物学以及生物制药等领域。

凝胶是一种不带电荷的具有三维网状结构的珠状颗粒,每个凝胶颗粒的细微结构及筛孔的直径均匀一致,类似筛子,因而具有分子筛效应。当待分离混合物随流动相经过凝胶层析柱时,各组分因分子大小和形状不同,在凝胶中受到的排阻作用有差异,导致各组分在凝胶柱中的迁移速度不同。大分子物质(直径大于筛孔孔径)不能进入凝胶内部,便直接沿着凝胶颗粒的间隙向下移动,移动距离短,移动速度快,最先流出层析柱;小分子物质(直径小于筛孔孔径)则会扩散进入凝胶内部,移动距离长,移动速度慢,因而最后流出层析柱,从而使待分离物质得以分离。

常用于凝胶层析的商品凝胶有葡聚糖凝胶(Sephadex)、琼脂糖凝胶(Sepharose)以及聚丙烯酰胺凝胶(polyacrylamide gel)。其中葡聚糖凝胶由葡聚糖交联聚合而成,具有良好的化学稳定性，是最常用的凝胶之一。葡聚糖凝胶具有 G-10、G-15、G-25、G-50、G-75、G-100、G-150 以及 G-200 等多种型号及粗、中、细及超细等多种规格，不同的凝胶分离范围有所不同。其中 G 表示交联度，G 值越小表示交联度越大，膨胀系数越小，凝胶颗粒内部筛孔孔径越小，在实验过程中，需要根据被分离物质的分子大小选择合适型号的凝胶。

三、实验材料、器材与试剂

1. 材料

兔血红蛋白。

2. 器材

层析柱（直径 0.8～1.5 cm，长 10～20 cm），吸管，玻璃棒，小烧杯，量筒，试管。

3. 试剂

（1）硫酸铜溶液　取 3.70 g 硫酸铜溶于 10 mL 热蒸馏水中，冷却后稀释至 15 mL，另取柠檬酸钠 17.3 g 及碳酸钠（$Na_2CO_3 \cdot H_2O$）10 g 加水 60 mL，加热使之溶解，冷却后稀释至 85 mL，最后把硫酸铜溶液缓缓倾入柠檬酸钠溶液中，混匀。

（2）Sephadex G-50。

四、实验操作步骤

1. 样品制备

取血红蛋白和铜溶液各 0.5 mL 于小烧杯中混匀。

2. 凝胶的预处理（溶胀）

初次使用的商品凝胶是干燥的颗粒，使用前需要将其在洗脱液中充分地溶胀，以形成稳定的三维网络结构。具体操作如下：称取 Sephadex G-50 2 g 于 50 mL 小烧杯中，加 5～10 倍的洗脱剂溶胀。

溶胀一般可以用如下两种方法：

（1）自然溶胀　将凝胶放入洗脱剂后在室温下放置，一般至少需 24 h，有的需要数天。

（2）热法溶胀　将浸泡的凝胶煮沸 1～2 h，一般即可充分溶胀。加热不仅可节约时间，而且可消除细菌污染及排除凝胶内部的空气。

溶胀过程中用倾泻法除去混杂的细小颗粒，重复 3～4 次即可。

3. 装柱

取层析柱一支，加水充分去除气泡，后加入 1/3 柱床体积的流动相，垂直固定在铁架台上。将已经溶胀的凝胶重悬后，沿管壁小心地灌到柱中，最好一次装完，以免出现不均匀的凝胶带。为此，在装柱时，一要调整好凝胶的稠度，二要打开下端橡皮管上螺旋夹，并调节适当的流速（约每分钟 10 滴）至凝胶沉积约 15 cm 高度即可。操作过程中，为防止气泡与分层现象发生，在整个装柱过程中不能使流动相流干。如表层凝胶凹陷不平时，可关闭出口，用玻璃棒轻轻搅动，再让凝胶自然沉降，凝胶沉积后再打开出口。

4. 加样与洗脱

先打开出口，使洗脱剂（蒸馏水）流出至凝胶面上保留 1～2 mm，用滴管将样品小心加到凝胶床表面上。加样时既不要破坏凝胶表面，也不要沿壁加样（样品易从壁和胶床间流下）。然后打开出口，使样品缓缓深入凝胶后，加入 1～2 mL 蒸馏水（蒸馏水不可多，防止样品被稀释）。当此少量蒸馏水将要流干时，反复加入多量蒸馏水进行洗脱。注意勿使柱流干。

5. 收集

加蒸馏水洗脱，当有颜色溶液流出凝胶柱时，用小试管收集洗脱液，观察并记录洗脱过程凝胶柱的颜色变化。收集 6～7 管（2 mL/管），观察试管中溶液的颜色。

6. 凝胶的洗涤与保存

洗脱液收集完毕，用 2～3 倍柱床体积的蒸馏水通过凝胶柱洗干净凝胶，再将凝胶倒入小烧杯，加蒸馏水 10 mL 左右。最后交给老师进一步处理保存。

五、实验注意事项

(1)装柱时，凝胶悬液尽量一次加完，保证凝胶柱均匀、无气泡、不分层。如表层凝胶凸凹不平时，可用玻璃棒轻轻搅动，让凝胶自然沉降，使表面平整。

(2)洗脱过程中注意始终保持柱内液面高于凝胶床面，要防止洗脱液流干。

(3)凝胶要回收，处理后可以再利用。

六、作业与思考

(1)简述利用凝胶层析法进行蛋白质脱盐的基本工作原理和操作步骤。

(2)利用图或表格形式描述实验中各管收集液，并分析各是什么物质。

(3)利用凝胶层析法分离混合样时，怎样才能得到较好的分离效果?

实验十二　凝胶层析法测定蛋白质相对分子质量

一、实验目的与要求

了解凝胶层析的应用，通过测定蛋白质相对分子质量的训练，熟练掌握凝胶层析技术。

二、实验原理

测定蛋白质的相对分子质量是凝胶层析的重要应用之一。对于任何一种被分离的化合物在凝胶层析柱中被排阻的范围均在 0～100%，其被排阻的程度可以用有效分配系数

K_{av}(分离化合物在内水和外水体积中的比例关系)表示。K_{av} 值的大小和凝胶柱床的总体积(V_t)、外水体积(V_0)以及分离物本身的洗脱体积(V_e)有关：

$$K_{av}=\frac{V_e-V_0}{V_t-V_0}$$

在限定的层析条件下,V_t 和 V_0 都是恒定值,而 V_e 是随着分离物相对分子质量的变化而改变的。相对分子质量大,V_e 值小,K_{av} 值也小;反之,相对分子质量小,则 V_e 值大,K_{av} 值大。

有效分配系数 K_{av} 是判断分离效果的一个重要参数,同时也是测定蛋白质相对分子质量的一个依据。在相同层析条件下,被分离物质 K_{av} 值差异越大,分离效果越好。在实际的实验中,通过实测出 V_t、V_0 及 V_e 的值,可以计算出 K_{av} 的大小。对于某一特定型号的凝胶,在一定的相对分子质量范围内,K_{av} 与 $\lg M_r$(M_r 表示蛋白质的相对分子质量)呈线性关系：

$$K_{av}=-b\ \lg M_r+C$$

式中:b,C 为常数。

同样可以得到：

$$V_e=-b'\lg M_r+C'$$

式中:b',C'为常数。即 V_e 与 $\lg M_r$ 也呈线性关系。

通过在一凝胶柱上分离多种已知相对分子质量的蛋白质后,并根据上述的线性关系绘出 K_{av}-$\lg M_r$ 或 V_e-$\lg M_r$ 标准曲线,然后用同一凝胶柱测出其他未知蛋白质的相对分子质量。

三、实验材料、器材与试剂

1. 材料

未知蛋白质样品,标准蛋白质(牛血清白蛋白、鸡卵清蛋白、胰凝乳蛋白酶原 A、溶菌酶)。

2. 器材

玻璃层析柱,恒流泵,自动部分收集器,紫外分光光度计,记录仪,试剂瓶,量筒,烧杯,试管。

3. 试剂

(1)0.9%氯化钠溶液。

(2)蓝色葡聚糖-2000。

(3)Sephadex G-75。

四、实验操作步骤

1. 凝胶的溶胀

称取 Sephadex G-75 干粉于烧杯中,加入 0.9%氯化钠溶液置于室温溶胀 2～3 d,反复倾泻去掉细颗粒，经减压抽气去除凝胶孔隙中的空气，沸水浴中煮沸 2～3 h(可去除颗粒内部的空气及灭菌)。

2. 凝胶柱总体积(V_t)的测定

取洁净的玻璃层析柱垂直固定在铁架台上。在距柱上端约 5 cm 处作一记号，关闭柱出水口，加入蒸馏水，打开出水口，液面降至柱记号处即关闭出水口，接收柱中去离子水(水面降至层析柱玻璃筛板)，读出的体积即为柱床总体积 V_t。

3. 装柱与平衡

在柱中注入 0.9%氯化钠溶液(约 1/3 柱床高度)，将凝胶悬液缓慢倾入柱中，待凝胶沉积 1～2 cm 高度后打开出水口，使凝胶沉降，并不断加入凝胶悬液。胶面上升到柱记号处则装柱完毕。注意装柱过程中凝胶不能分层。

装柱完成后，连接恒流泵，以 0.9%氯化钠溶液为流动相，以 0.5～0.75 mL/min(视层析柱规格及预实验而定)的速度开始洗脱，用 1～2 倍床体积的洗脱液平衡，使柱床稳定。

4. V_0 的测定

吸去柱上端的洗脱液，打开出水口，使残余液体降至与胶面相切(但不能干胶)，关闭出水口。用细滴管吸取 0.5 mL(2 mg/mL)蓝色葡聚糖-2000，小心地绕柱壁一圈(距胶面 2 mm)缓慢加入，然后迅速移至柱中央慢慢加入柱中，打开出水口，并同时立即开始收集。等溶液渗入胶床后，关闭出水口，用少许 0.9%氯化钠溶液加入柱中，渗入胶床后，再在柱上端加满 0.9%氯化钠溶液，开始洗脱，作出洗脱曲线。收集并量出从加样开始至洗脱液中蓝色葡聚糖浓度最高点的洗脱液体积即为 V_0。待蓝色葡聚糖洗下来之后，用 1～2 倍床体积的洗脱液平衡，备用。

5. 标准曲线的制作

用 0.9%氯化钠溶液配制标准蛋白质溶液。

按 V_0 的测定操作方法加入 0.5 mL 上述标准蛋白质溶液，洗脱并收集洗脱液。

用紫外分光光度计逐管测定 280 nm 处吸光度值，并确定各种标准蛋白质的洗脱峰最高点，量出各种标准蛋白质的洗脱体积 V_e。

以 V_e 为横坐标，$A_{280\ nm}$ 为纵坐标，绘出标准蛋白质的洗脱曲线。

以 $\lg M_r$ 为横坐标，K_{av} 为纵坐标绘制标准曲线。

以 $\lg M_r$ 为横坐标，V_e 为纵坐标绘制标准曲线。

6. 未知蛋白质相对分子质量的测定

测定方法与标准曲线制作方法相同，然后在标准曲线上查得 $\lg M_r$，其反对数便是待测蛋白质的相对分子质量。

五、实验注意事项

(1)根据层析柱的容积和所选用的凝胶溶胀后柱床容积，计算所需凝胶干粉的重量。

(2)实验中必须始终保持柱内液面高于凝胶表面，否则水分挥发，凝胶变干。

(3)操作压力过大可使流速变慢，可导致凝胶胶面下降，柱床容积改变，相应测出 V_t、V_0、V_e 等也改变，造成实验结果的误差。

(4)实验完毕后，将凝胶全部回收处理，以备下次实验使用，严禁将凝胶丢弃。

六、作业与思考

(1)凝胶层析法测定蛋白质相对分子质量的原理是什么？如何理解 K_{av}、V_t、V_0、V_e 的含义？

(2)根据实验，总结实验要点和注意事项。

实验十三　SDS-聚丙烯酰胺凝胶电泳法测定蛋白质相对分子质量

一、实验目的与要求

了解 SDS-PAGE 法测定蛋白质相对分子质量的意义，掌握 SDS-PAGE 法测定蛋白质相对分子质量的原理、操作步骤和数据处理方法。

二、实验原理

SDS-PAGE，全称为 SDS-聚丙烯酰胺凝胶电泳，是一种常用的蛋白质分离技术，聚丙烯酰胺凝胶是由丙烯酰胺(Acr)和交联剂 N，N′-亚甲基双丙烯酰胺(Bis)在催化剂过硫酸铵(AP)和 N，N，N′，N′-四甲基乙二胺(TEMED)的作用下，聚合交联形成的具有网状立体结构的凝胶，并以此为支持物进行电泳。

SDS 是一种阴离子型去污剂，在蛋白质样品液中加入 SDS 和巯基乙醇后，巯基乙醇可打开二硫键，SDS 能打开蛋白质的非共价键(氢键、疏水键、离子键)，并结合到蛋白质分子上。由于 SDS 带有大量负电荷，SDS-蛋白质复合物带上了大量负电荷，大大超过蛋白质分子原有的电荷量，因而掩盖了不同种类蛋白质间原有的电荷差异。

二硫键和非共价键打开，蛋白质构象发生变化，SDS-蛋白质复合物在凝胶中的迁移率不受蛋白质原有电荷和形状的影响，而只与蛋白质相对分子质量的大小有关。

当相对分子质量在 15～200 kD 时，蛋白质的迁移率和相对分子质量的对数呈线性关系，符合下式：$\lg M_r = k - bX$，式中：M_r 为相对分子质量，X 为迁移率，k、b 均为常数。若将已知相对分子质量的标准蛋白质的迁移率对相对分子质量的对数作图，可获得一条标准曲线。未知蛋白质在相同条件下进行电泳，根据其电泳迁移率即可利用标准曲线求得相对分子质量。

三、实验材料、器材与试剂

1. 材料

未知蛋白质样品。

2. 器材

电子天平，电泳仪，垂直电泳槽，制胶器，微波炉，纯水机，移液器，烧杯，EP管，烧杯，容量瓶，量筒。

3. 试剂

（1）30％丙烯酰胺贮存液　称取29 g丙烯酰胺（Acr），1 g N，N′-亚甲基双丙烯酰胺（Bis），加纯化水溶解定容至100 mL。

（2）10％ SDS　称取10 g SDS，加纯化水溶解定容至100 mL。

（3）1 mol/L Tris-HCl（pH＝6.8）　称取24.22 g Tris用纯化水溶解，加浓盐酸调节pH＝6.8，纯化水定容至200 mL。

（4）1.5 mol/L Tris-HCl（pH＝8.8）　称取90.85 g Tris用纯化水溶解，加浓盐酸调pH＝8.8，纯化水定容至500 mL。

（5）10％过硫酸铵（AP）　称取10 g过硫酸铵，加纯化水定容至100 mL。

（6）5×电泳缓冲液　称取15.1 g Tris，94 g甘氨酸，5 g SDS，加纯化水溶解后定容至1 000 mL，用前5倍稀释。

（7）考马斯亮蓝R250染色液　称取0.5 g考马斯亮蓝R250，加入甲醇150 mL，冰乙酸50 mL，研磨溶解，滤纸过滤后，加纯化水定容至500 mL。

（8）脱色液　取冰乙酸100 mL，甲醇300 mL，加纯化水定容至1 000 mL。

（9）TEMED。

四、实验操作步骤

1. 制胶器的组装及检漏

取垂直电泳槽的玻璃板，清洗干净，将凹型玻璃与平玻璃重叠。两块玻璃板放入电泳槽支架内（短玻璃朝里），并将电泳槽支架在桌面水平轻轻磕几下，使玻璃板底部对齐，然后插入斜插板到适中程度，并将其固定在制胶器上。

在两侧玻璃板间加水后静置10 min，查看是否漏液。如果不漏液，把水倒掉，如果漏液，重新组装，继续检漏。

2. 分离胶的制备

根据实验目的蛋白质的相对分子质量，参照表4-10选择分离胶浓度。

表4-10　SDS-PAGE的有效分离范围

分离胶浓度/％	15	12.5	10	7.5	5.0
线性分离范围/kD	15～43.5	15～60	18～75	30～120	60～212

本实验选择配制10%的分离胶，并按照配方表4-11配制分离胶。

表4-11　SDS-PAGE分离胶(10%)配方

溶液成分	配制不同体积(mL)10%分离胶凝胶液中各成分所需体积							
	5	10	15	20	25	30	40	50
水/mL	1.9	4.0	5.9	7.9	9.9	11.9	15.9	19.8
30%丙烯酰胺贮存液/mL	1.7	3.3	5.0	6.7	8.3	10.0	13.3	16.7
1.5 mol/L Tris-HCl(pH=8.8)/mL	1.3	2.5	3.8	5.0	6.3	7.5	10.0	12.5
10%SDS/mL	0.03	0.10	0.15	0.20	0.25	0.30	0.40	0.50
10%过硫酸铵/mL	0.05	0.10	0.15	0.20	0.25	0.30	0.40	0.50
TEMED/mL	0.004	0.008	0.012	0.016	0.02	0.024	0.032	0.04

分离胶加入TEMED后立即混匀，小心灌胶，注意不要产生气泡，并给浓缩胶留出约2 cm的空间。用水封胶，防止空气扩散到凝胶中抑制聚合作用，并保证凝胶表面水平。聚合完全后(约需30 min)，凝胶和上层液相之间可见折射率的变化。

3. 浓缩胶的制备

倒掉凝胶上层的水，并用滤纸仔细将剩余的水吸干，同时要注意不要破坏凝胶表面。按照配方配制5%的浓缩胶(表4-12)。加入TEMED后，迅速混匀加在分离胶上，并立即插入梳子。待凝胶聚合完全后(约需30 min)，拆下制胶器，放入电泳槽内，在两片玻璃板中间加注1×电泳缓冲液，移去梳子。观察凝胶梳齿是否歪斜，如有歪斜，可用注射器针头或者接种针将其摆正。

表4-12　SDS-PAGE浓缩胶(5%)配方

溶液成分	配制不同体积(mL)5%浓缩胶凝胶液中各成分所需体积							
	1	2	3	4	5	6	8	9
水/mL	0.68	1.4	2.1	2.7	3.4	4.1	5.5	6.8
30%丙烯酰胺贮存液/mL	0.17	0.33	0.5	0.67	0.83	1.0	1.3	1.7
1 mol/L Tris-HCl(pH=6.8)/mL	0.13	0.25	0.38	0.5	0.63	0.75	1.0	1.25
10%SDS/mL	0.01	0.02	0.03	0.04	0.05	0.06	0.08	0.1
10%过硫酸铵/mL	0.01	0.02	0.03	0.04	0.05	0.06	0.08	0.1
TEMED/mL	0.001	0.002	0.003	0.004	0.005	0.006	0.008	0.01

4. 样品处理

取1 mg/mL待测蛋白质样品25 μL置于EP管内，加入5 μL 6×上样缓冲液，混合均匀，100 ℃煮沸5～15 min。蛋白marker同样处理。

5. 加样

加入电泳缓冲液。加样，其中，待测蛋白质每孔加入 20 μL，蛋白 marker 每孔中加入 5 μL。

6. 电泳

打开电泳仪开关，80 V 电压电泳 20 min。待样品中的溴酚蓝指示剂压缩成一条直线且到达分离胶后，调节恒压 120 V。当溴酚蓝指示剂迁移到凝胶前沿时关闭电源，停止电泳。

7. 染色

将制胶板取下，割胶板割胶，切除一角以标注凝胶方位（或将 marker 孔设置在前面），轻轻放入染色液中。置于脱色摇床上 37 ℃染色 2 h 或者室温染色过夜（快速染色可用微波炉煮沸后静置 10 min，2～3 次重复）。染色液可回收重复利用。

8. 脱色

染色结束后，将凝胶转移至脱色液中。置于摇床上脱色过夜，在此期间更换脱色液 2～3 次；或采用快速脱色，微波炉煮沸后静置 15 min，3～4 次重复，每次均换新脱色液。脱色至蛋白质条带清晰、无背景色为止。

9. 结果分析和相对分子质量计算

将显示蛋白质条带的凝胶拍照，采用凝胶成像系统软件计算相对分子质量和纯度。

五、实验注意事项

（1）实验中大部分试剂具有毒性，操作时应注意防护。

（2）制胶时 TEMED 最后加入，加入后立即进行制胶，防止凝固太快导致制胶失败。

（3）制胶时待胶凝固后再进行下一步操作，凝固时间一般为 30 min，但室温低时所需时间可能会延长。

（4）加样梳取出后，一定要观察凝胶梳齿是否歪斜，如有歪斜，需要用注射器针头或者接种针将其摆正。

（5）为减少蛋白质条带的扩散，上样后应尽快进行电泳。

（6）电泳时，电泳仪与电泳槽间正、负极不能接错，以免样品反方向泳动。

六、作业与思考

（1）SDS-PAGE 中各主要成分的作用分别是什么？

（2）如何提高 SDS-PAGE 的分辨率？

（3）比较凝胶层析法和 SDS-PAGE 法测定蛋白质相对分子质量的差异。

（4）试说明是否所有的蛋白质都可以采用 SDS-PAGE 法测定相对分子质量？为什么？

实验十四　苯丙氨酸解氨酶活性的测定

一、实验目的与要求

学习并掌握苯丙氨酸解氨酶活力测定的实验原理和方法。

二、实验原理

苯丙氨酸解氨酶(phenylalanine ammonia-lyase，PAL，EC 4.3.1.5)，主要催化*L*-苯丙氨酸脱氨生成反式肉桂酸，产生许多次生物质如生物碱、木质素、香豆素、黄酮等。它是连接植物初级代谢和苯丙烷类代谢、催化苯丙烷类代谢第一步反应的酶，是苯丙烷类代谢途径的关键酶和限速酶，也是次生代谢途径中研究最多也最为深入的酶。苯丙氨酸解氨酶活性的高低直接决定着以后一系列次生物质合成步骤中生物活性的高低。植物花朵、果实和叶片颜色的花色素、花色苷等物质的合成均与苯丙氨酸解氨酶活性密切相关。

苯丙氨酸解氨酶的活性可通过测定酶促反应终止时*L*-苯丙氨酸的减少量或者产物反式肉桂酸的生成量来表示。通常苯丙氨酸解氨酶的活性是利用紫外分光光度计法测定产物反式肉桂酸在290 nm处的吸光度值来表示。苯丙氨酸解氨酶催化苯丙氨酸的脱氨反应，生成反式肉桂酸。根据反式肉桂酸在290 nm处吸光度值的变化可以测定该酶的活性。

三、实验材料、器材与试剂

1. 材料

马铃薯。

2. 器材

紫外-可见分光光度计，冷冻离心机，恒温水浴锅，打孔器，培养皿，研钵，试管和试管架，刻度吸管和刻度吸管架，玻璃棒。

3. 试剂

(1)0.1 mol/L硼酸盐缓冲液(pH 8.8)　含5 mmol/L巯基乙醇，0.5 g/L聚乙烯吡咯烷酮(PVP)。

(2)硫酸铵。

(3)0.05 mol/L Tris-HC1(pH 8.8)缓冲液。

(4)0.02 mol/L *L*-苯丙氨酸。

(5)6 mol/L盐酸。

四、实验操作步骤

1. 试验材料预处理

取马铃薯块茎洗净、削皮，用直径 1 cm 打孔器取圆柱，切除两头近表皮处，中间部分切成 2 mm 厚的圆片。先用自来水漂洗，最后用蒸馏水洗一次，用纱布吸干表面的水。

将圆片平铺在湿润滤纸的培养皿中，置于 20～30 ℃红光下处理 24 h 以诱导苯丙氨酸解氨酶。

2. 酶液的制备与初步纯化

称取 80 g 样品，用 150 mL 0.1 mol/L 硼酸盐缓冲液(pH 8.8)冰浴研磨，冰箱中冷藏静置 1 h，10 000 r/min 离心 20 min，得粗酶液。

将粗酶液于冰浴条件下，边搅拌边缓慢加入固体硫酸铵粉末，使溶液中硫酸铵达到质量分数为 35%的饱和度。再搅拌，静置 10 min，于 0 ℃下 10 000 r/min 离心 20 min。取上清液加入固体硫酸铵以达到质量分数为 65%的饱和度，0 ℃下 10 000 r/min 离心 20 min，弃上清液。沉淀复溶于 6～15 mL 0.05 mol/L Tris-HCl(pH 8.8)缓冲液备用。

3. 酶活性测定

按照表 4-13，对样品中苯丙氨酸解氨酶活性进行测定。

表 4-13 样品中苯丙氨酸解氨酶活性测定

项目	空白	测定管		
		1	2	3
0.02 mol/L *L*-苯丙氨酸/mL		1.0	1.0	1.0
0.1 mol/L 硼酸盐缓冲液(pH 8.8)/mL	4.5	3.5	3.5	3.5
酶液/mL	0.5	0.5	0.5	0.5
		45 ℃水浴反应 1 h		
6 mol/L 盐酸/mL	0.2	0.2	0.2	0.2

混合均匀，于 290 nm 处测定吸光度值。

4. 结果处理

本实验规定：以每小时每毫升酶液吸光度值增加 0.01 为一个酶活性单位(U)。

按下列公式计算酶活性。

$$\text{苯丙氨酸解氨酶活性(U)}=\frac{\Delta A_{290\ \text{nm}}}{\text{mL 酶液}\times \text{h}\times 0.01}$$

五、实验注意事项

(1)苯丙氨酸解氨酶属于诱导酶，受光(如红光)、受伤、病害感染等诱导活性增高。

(2)酶液的制备与初步纯化过程中注意控制实验条件，尽量减少对酶活性的不利影响。

(3)酶活力测定时严格控制试剂浓度和加样量。

六、作业与思考

(1)根据实验结果,计算苯丙氨酸解氨酶的活性。

(2)简要说明苯丙氨酸解氨酶活性测定的实验原理和注意事项。

实验十五　谷胱甘肽过氧化物酶活力的测定

一、实验目的与要求

学习并掌握谷胱甘肽过氧化物酶活力测定的实验原理和方法。

二、实验原理

谷胱甘肽过氧化物酶(glutathione peroxidase,GSH-Px,EC 1.11.1.9),即谷胱甘肽:H_2O_2 氧化还原酶,最初是 1957 年由 Mills 在牛红细胞中发现的,是细胞内自发或酶促反应的活性调节剂,可以催化 GSH 变为 GSSG,使有毒的过氧化物还原成无毒的羟基化合物,促进 H_2O_2 的分解,保护细胞膜及生物大分子的结构和功能不受过氧化物的损害,从而去除脂质过氧化作用的条件,阻断自由基诱发的脂质过氧化反应的连续进行。GSH-Px 具有清除自由基、延缓衰老、防止畸变等生理作用,并与自身免疫病、辐射、药物作用等有着密切的关系。

谷胱甘肽过氧化物酶可使 H_2O_2、ROOH 等过氧化物还原为相应的氧化物,其活力可用单位时间内催化 GSH 氧化的减少量表示。GSH 可和无色的 5,5′-二硫代(2-硝基苯甲酸)(DTNB)反应生成黄色的 2-硝基-5-硫代苯甲酸阴离子,后者在 412 nm 处有最大光吸收。通过测定该离子的浓度,即可计算出 GSH 减少的量,从而得出谷胱甘肽过氧化物酶的活力。

三、实验材料、器材与试剂

1. 材料

茄子,青辣椒。

2. 器材

可见分光光度计,高速台式冷冻离心机,数显恒温水浴锅,电子天平,纱布,漏斗和漏斗架,试管和试管架,刻度吸管和刻度吸管架。

3. 试剂

(1)0.2 mol/L pH 6.2 磷酸氢二钠-磷酸二氢钠缓冲液　含 1 mol/L EDTA-2Na 和 1% PVP。

(2)1.0 mmol/L 的谷胱甘肽(GSH)(现配现用)。

(3)1.5 mmol/L H_2O_2(现配现用)。

(4)1.67%偏磷酸沉淀液　含1.67%HPO_3,0.05% EDTA-2Na,28%氯化钠。

(5)0.32 mol/L 磷酸氢二钠。

(6)DTNB显色液　取20 mg DTNB加1%柠檬酸三钠50 mL溶解。

四、实验操作步骤

1. 谷胱甘肽过氧化物酶的提取

以预冷的蒸馏水清洗茄子(或青辣椒)后,用滤纸快速吸干表面水分。

取150 g准备好的茄子(或青辣椒),加入0.2 mol/L pH 6.2磷酸氢二钠-磷酸二氢钠缓冲液150 mL,冰浴研磨后,纱布过滤,10 000 r/min离心15 min,取上清液即为粗酶液。

2. 酶活力测定

取试管3支,按照表4-14测定酶活力。

表4-14　酶活力的测定

项目	酶管	非酶管	空白
酶液/mL	0.4	0.4(煮沸失活)	
1.0 mmol/L谷胱甘肽/mL	0.4	0.4	
1.5 mmol/L H_2O_2(37 ℃预热)/mL	0.2	0.2	
	立即于37 ℃反应3 min		
1.67%偏磷酸沉淀液/mL	4.0	4.0	
	5 000 r/min离心10 min		
离心上清液/mL	1.0	1.0	
蒸馏水/mL			0.4
1.67%偏磷酸沉淀液/mL			0.6
0.32 mol/L磷酸氢二钠/mL	1.0	1.0	1.0
DTNB显色液/mL	1.0	1.0	1.0

混合均匀后,准确反应2 min,于分光光度计412 nm波长处测定吸光度值。

3. 酶活力的计算

酶活力的定义:在37 ℃条件下,每分钟催化GSH将DTNB转变生成的黄色2-硝基-5-硫代苯甲酸阴离子在412 nm处吸光度值变化0.001时所需要的酶量为一个酶活性单位(扣除非酶反应的GSH)。

$$\text{谷胱甘肽过氧化物酶活力(U)}=\frac{\text{非酶管}\,A_{412\ \mathrm{nm}}-\text{酶管}\,A_{412\ \mathrm{nm}}}{0.001\times 3}$$

五、实验注意事项

(1)由于实验显色反应在非酶条件下仍能进行,计算酶活力时,必须扣除非酶反应所引起的 GSH 减少量。

(2)实验必须严格控制反应时间。

六、作业与思考

(1)谷胱甘肽过氧化物酶有什么重要的生物学意义?

(2)DTNB 法测定谷胱甘肽过氧化物酶的原理是什么? 有哪些注意事项?

实验十六　琥珀酸脱氢酶的竞争性抑制作用

一、实验目的与要求

掌握测定琥珀酸脱氢酶活性的简易方法及原理,了解丙二酸对琥珀酸脱氢酶的竞争性抑制作用。

二、实验原理

琥珀酸脱氢酶是三羧酸循环中一个重要的酶,它广泛存在于动物心肌、肝脏、骨骼肌等组织和植物及微生物中。测定组织细胞中有无琥珀酸脱氢酶活性,可以初步鉴定三羧酸循环途径是否存在。

琥珀酸脱氢酶能使琥珀酸脱氢生成延胡索酸,并将脱下的氢交给受氢体。用甲烯蓝作为受氢体时,氧化型甲烯蓝(蓝色)被还原生成无色的还原型甲烯蓝(又叫甲烯白)。

丙二酸与琥珀酸结构相似,是琥珀酸脱氢酶的竞争性抑制剂。琥珀酸脱氢酶活性越高,甲烯蓝脱色所需时间越短。因此,甲烯蓝脱色所需时间的倒数可用来表示琥珀酸脱氢酶的活性。

由于甲烯蓝容易被空气中的氧所氧化,所以实验需要在无氧情况下进行。常用 Thunberg 管法,抽去空气进行。本实验采用简化法,用一般试管加液体石蜡封闭反应液,制造无氧环境,这样可不用抽真空设备。

三、实验材料、器材与试剂

1. 材料

发芽黄豆。

2. 器材

恒温水浴锅,漏斗和漏斗架,试管和试管架,刻度吸管和刻度吸管架,滴管。

3. 试剂

(1)1.5%或 0.02 mol/L 琥珀酸钠溶液。

(2)1%丙二酸溶液。

(3)0.02%甲烯蓝溶液(即 1∶5 000)。

(4)液体石蜡。

(5)0.87% K_2HPO_4 溶液。

(6)pH 6.0 磷酸缓冲液。

四、实验操作步骤

1. 酶液的提取

称取黄豆芽(子叶部分)3 g 于研钵内,加石英砂少许,2 mL 0.87% K_2HPO_4 溶液共同研磨至浆状,然后再加 10 mL 0.87% K_2HPO_4 溶液,混匀,静置 30 min 后过滤,弃去残渣,滤液即为酶液。

2. 测定

取洁净试管 3 支,严格按表 4-15 顺序操作。

表 4-15 琥珀酸脱氢酶活力的测定

管号	琥珀酸钠/mL	pH 6.0 磷酸缓冲液/mL	丙二酸/mL	甲烯蓝/mL	酶液/mL	各管立即摇匀,液体石蜡封口不能摇动,37 ℃水浴保温计时,观察试管溶液颜色变化	完全褪色时间/min
1	2	2	0.5	1	4		
2	2	2.5	0	1	4		
3	2	2.5	0	1	4(煮沸并冷却)		

3. 结果处理

根据 2 号管的褪色时间,按下式计算琥珀酸脱氢酶活力。

$$\text{脱氢酶相对活力}=\frac{\dfrac{c\times V_1}{V_2}\times V_3}{m\times\dfrac{t}{60}}$$

式中:c 为甲烯蓝浓度,mg/mL;V_1 为甲烯蓝用量,mL;V_2 为酶液用量,mL;V_3 为酶液总量,mL;m 为植物材料质量,g;t 为褪色时间,min。

五、实验注意事项

(1)第 3 管所加酶液需在沸水浴中煮沸,以使酶完全失活。

(2)观察甲烯蓝变色时,不能摇动试管,以免空气进入反应液,干扰实验结果。

六、作业与思考

(1)丙二酸对琥珀酸脱氢酶是否有干扰？为什么？

(2)在本实验中为什么要加液体石蜡？为什么将第2支试管摇动后又重现蓝色？

(3)若向第1支试管补加琥珀酸钠会发生什么现象？为什么？

(4)说明实验中各管的变色情况，并加以解释。

实验十七 碱性磷酸酶米氏常数(K_m)和最大反应速率(V_{max})的测定

一、实验目的与要求

了解底物浓度对酶促反应速度的影响，理解和掌握米氏常数(K_m)和最大反应速率(V_{max})的意义和测定原理，掌握米氏常数和最大反应速率测定的实验方法。

二、实验原理

在温度、pH及酶浓度恒定的条件下，底物浓度对酶促反应的速度有很大的影响。当底物浓度在较低范围内增加时，酶促反应速度 v 随底物浓度[S]的增高而显著加快，几乎成正比，随着底物浓度渐高，反应速度加快程度渐小，增加的幅度变缓；当底物浓度继续增加至一定程度，反应速度达到最大值，不再增加，成为该条件下极限最大反应速度 V_{max}。

底物浓度与反应速度的这种关系可用Michaelis-Menten方程式表示：

$$v=\frac{V_{max}[S]}{K_m+[S]}$$

从米氏方程式可见，米氏常数 K_m 等于反应速度达到最大反应速度一半时的底物浓度，米氏常数的单位就是浓度单位(mol/L或mmol/L)。米氏常数为酶的一个基本特征常数，包含着酶与底物结合和解离的性质。K_m 与底物浓度、酶浓度无关，与pH、温度、离子强度等因素有关。对于每一个酶促反应，在一定条件下都有其特定的 K_m 值，测定 K_m 值是酶动力学研究的一种重要方法。

一般用作图法可测定 K_m 和 V_{max}。作图法有很多，最常用的是Lineweaver-Burk作图法，该法是根据米氏方程的倒数形式，以$\frac{1}{v}$对$\frac{1}{[S]}$作图，可得到一条直线(图4-5)。所得直线向纵坐标轴方向的延长线在横坐标轴上的截距为$-\frac{1}{K_m}$，纵截距为$\frac{1}{V_{max}}$，可求出 K_m 与 V_{max}。这个方法比较简便和常用。

$$\frac{1}{v}=\frac{K_m}{V_{max}}\cdot\frac{1}{[S]}+\frac{1}{V_{max}}$$

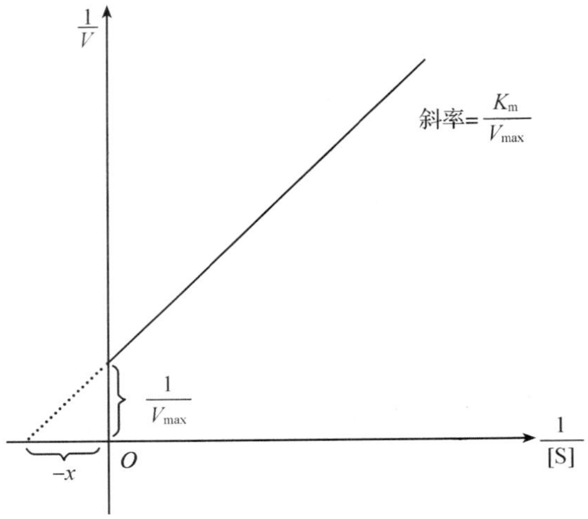

图 4-5 Linewaver-Burk 作图法

本实验以碱性磷酸酶为例。碱性磷酸酶(AKP)存在于机体的各种组织中,主要存在于骨、肝、肾及肠中。临床上可以通过测定该酶的活力作为诊断骨骼疾病及肝脏疾患等的指标,该酶也可作为核酸研究中的一个重要工具酶。它的最适 pH 在 9～10。在碱性条件下使之作用于底物溶液中的磷酸苯二钠,生成酚和磷酸盐,酚在碱性溶液中与 4-氨基安替比林(APP)作用,经铁氰化钾氧化生成红色醌的衍生物。根据颜色深浅于 510 nm 波长处测定吸光度值,计算酚的生成量,评估酶的活性。

三、实验材料、器材与试剂

1. 材料

碱性磷酸酶。

2. 器材

分光光度计,恒温水浴锅,刻度吸管和刻度吸管架,试管和试管架,试管夹,洗耳球。

3. 试剂

(1)0.1 mol/L pH 10.0 磷酸盐缓冲液　称取 6.36 g 无水碳酸钠和 3.36 g 碳酸氢钠,溶于纯水中,定容至 1 000 mL。

(2)40 mmol/L 底物溶液　称取磷酸苯二钠 10.16 g($C_6H_5PO_4Na_2 \cdot 2H_2O$)或者磷酸苯二钠(无结晶水)8.72 g,用煮沸后冷却的纯水溶解,并定容至 1 000 mL,加几滴氯仿(三氯甲烷)防腐,贮于棕色瓶中,此液只能用 1 周,如放置过久可能导致空白管吸光度值增高。

(3)0.1 mg/mL 酚标准溶液。

(4)酶液　称取 5.0 mg 碱性磷酸酶,用 pH 8.8 Tris-乙酸缓冲液配成 100 mL。4 ℃保存备用。

(5)0.5 mol/L 氢氧化钠溶液　称取 20 g 氢氧化钠,溶于纯水中,定容至 1 000 mL。

(6)0.3% 4-氨基安替比林(APP)溶液 称取 0.3 g 4-氨基安替比林(APP)及 4.2 g 硫酸氢钠,用纯水溶解定容至 100 mL,贮于棕色瓶中,4 ℃保存备用。

(7)0.5%铁氰化钾溶液 称取 5 g 铁氰化钾和 15 g 硼酸,各溶于 400 mL 纯水中,溶解后两液混合,并用纯水定容至 1 000 mL,贮于棕色瓶中避光保存。

四、实验操作步骤

1. 测定

取 40 mmol/L 底物溶液和酶液适量,分别置于 37 ℃水浴保温 5 min。

取洁净试管 8 支,按表 4-16 操作。

表 4-16 酶促反应的操作过程

项目	试管							
	0	1	2	3	4	5	6	对照
40 mmol/L 底物溶液/mL		0.1	0.2	0.3	0.4	0.8	1.0	
0.1 mol/L pH 10.0 磷酸盐缓冲液/mL	0.9	0.9	0.9	0.9	0.9	0.9	0.9	0.9
纯水/mL	1.0	0.9	0.8	0.7	0.6	0.2		1.0
37 ℃水浴保温 5 min								
0.1 mg/mL 酚标准溶液/mL								0.1
酶液/mL	0.1	0.1	0.1	0.1	0.1	0.1	0.1	
充分摇匀,37 ℃水浴精确保温 5 min								
0.5 mol/L 氢氧化钠溶液/mL	1.0	1.0	1.0	1.0	1.0	1.0	1.0	1.0
0.3%APP 溶液/mL	1.0	1.0	1.0	1.0	1.0	1.0	1.0	1.0
0.5%铁氰化钾溶液/mL	2.0	2.0	2.0	2.0	2.0	2.0	2.0	2.0

将各管充分摇匀,室温放置 10 min。以 0 号管为空白对照,于 510 nm 处测定吸光度值。

2. 数据处理

实验规定:37 ℃条件下,作用于底物磷酸苯二钠溶液每 5 min 生成 1 mg 酚所需要的碱性磷酸酶量为一个酶活性单位。计算各管底物浓度。

$$\text{各管底物浓度(mmol/L)}=\frac{\text{底物浓度}\times\text{加入底物液量}}{\text{酶反应总液量}}=\frac{40\times\text{加入底物液量}}{2.0}$$

$$=20\times\text{加入底物液量}$$

计算各管酶活性单位代表反应速度(v)。

$$\text{各管酶活性单位}=\frac{\text{样品}\ A_{510\ \text{nm}}}{\text{对照}\ A_{510\ \text{nm}}}\times 0.01$$

计算各管$\frac{1}{v}$和$\frac{1}{[S]}$。

以$\frac{1}{[S]}$为横坐标，$\frac{1}{v}$为纵坐标，在坐标纸上准确画出各管坐标点，连接各点画出直线，向左延长此线与横坐标轴相交于$-\frac{1}{K_m}$点，由此计算出该酶的 K_{m}、$V_{\max}$ 值。

五、实验注意事项

(1)吸取试剂的各刻度吸管切勿混用。
(2)实验操作过程中吸量应准确，应严格控制反应时间。
(3)酶和底物应预先分别保温数分钟。
(4)铁氰化钾溶液中加入硼酸有着稳定显红色的作用，若呈蓝绿色则不能使用。
(5)在数据处理的过程中应注意米氏常数的单位和有效数字的表示。

六、作业与思考

(1)K_{m} 值的物理意义是什么？其单位是什么？
(2)Linewaver-Burk 作图法在横坐标轴和纵坐标轴上的截距分别是什么？
(3)为什么要用酶促反应的初速度计算 K_{m} 值？
(4)试分析本实验可能的误差来源有哪些？

实验十八　维生素 B_1 含量测定

一、实验目的与要求

了解维生素 B_1 的性质，学习用荧光法定量测定维生素 B_1 的原理和方法。

二、实验原理

维生素 B_1 也称硫胺素、抗脚气病因子和抗神经炎因子，是最早被人们提纯的水溶性维生素。维生素 B_1 主要存在于种子的外皮和胚芽中，如米糠和麸皮中含量很丰富，在酵母菌中含量也极丰富。硫胺素由嘧啶环和噻唑环结合而成，在体内参与糖代谢。

在碱性溶液中，维生素 B_1 与铁氰化钾反应，生成硫色素，后者可以溶于正丁醇并显示蓝色荧光。在没有其他荧光物质存在时，溶液的荧光强度与硫色素的浓度成正比。这一特性被用于荧光分析法中，通过测量生成的硫色素的荧光强度，可以定量分析维生素 B_1 的含量。

三、实验材料、器材与试剂

1. 材料

金针菇发酵液。

2. 器材

荧光分光光度计，离心机，电炉，循环水真空泵，布氏漏斗，人造沸石，试管，锥形瓶。

3. 试剂

(1)0.1 mol/L 盐酸　取 8.5 mL 浓盐酸用水稀释至 1 000 mL。

(2)2 mol/L 乙酸钠溶液　称取 164 g 无水乙酸钠溶于水中稀释至 1 000 mL。

(3)0.04%溴甲酚绿溶液　称取 0.1 g 溴甲酚绿，置于研钵中，加入 1.4 mL 0.1 mol/L 氢氧化钠研磨片刻，再加入少许水继续研磨至完全溶解，用水稀释至 250 mL。

(4)活性人造沸石　称取 200 g 40～60 目的人造沸石，以 10 倍于其体积的 3%热乙酸溶液搅洗 2 次，每次 10 min；再用 5 倍于其体积的 25%热氯化钾溶液搅洗 15 min；然后用 3%热乙酸溶液搅洗 10 min；最后用热蒸馏水洗至没有氯离子。于蒸馏水中保存。

(5)25%酸性氯化钾溶液　取 8.5 mL 浓盐酸用 25%氯化钾溶液稀释至 1 000 mL。

(6)维生素 B_1 标准工作液(0.1 μg/mL)　准确称取 100 mg 经氯化钙干燥 24 h 的硫胺素，溶于 0.01 mol/L 盐酸中，并稀释至 1 000 mL，即为维生素 B_1 标准贮备液(0.1 mg/mL)，于冰箱中避光保存。将硫胺素标准贮备液用 0.01 mol/L 盐酸稀释 10 倍，得维生素 B_1 标准中间液(10 μg/mL)，于冰箱中避光保存。将硫胺素标准中间液用水稀释 100 倍，即得维生素 B_1 标准工作液(0.1 μg/mL)，用时现配。

(7)碱性铁氰化钾溶液　取 4 mL 1%铁氰化钾溶液，用 15%氢氧化钠溶液稀释至 60 mL。用时现配，避光使用。

(8)15%氢氧化钠溶液　称取 15 g 氢氧化钠，溶于水中稀释至 100 mL。

四、实验操作步骤

1. 维生素 B_1 的制备

准确量取适量的发酵液(维生素 B_1 的含量为 5～10 μg)于锥形瓶内，加入 75 mL 0.1 mol/L 盐酸，沸水浴中加热 30 min。冷至室温后，滴加 2 mol/L 乙酸钠溶液调 pH 至 4.5(以 0.04%溴甲酚绿溶液为指示剂)。3 000 r/min 离心 10 min，取上清液加入 2～4 g 已活化的人造沸石。振摇 30 min，抽滤，用蒸馏水洗沸石 3 次，洗涤液弃去。加 5 mL 25%酸性氯化钾搅拌，洗脱 3 次，洗脱液合并，并用 25%酸性氯化钾溶液定容至 25 mL(样品液待用)。

2. 维生素 B_1 的含量测定

取 4 支试管编号，按照表 4-17 操作。

表 4-17　维生素 B_1 的含量测定

项目	管号			
	1(样品管)	2(样品空白管)	3(标准管)	4(标准空白管)
样品/mL	5	5		
维生素 B_1 标准工作液/mL			5	5

续表 4-17

项目	管号			
	1(样品管)	2(样品空白管)	3(标准管)	4(标准空白管)
碱性铁氰化钾溶液/mL	3		3	
15%氢氧化钠溶液/mL		3		3
正丁醇/mL	10	10	10	10

各管混匀,剧烈振摇 90 s,静置分层后吸去下层水相,加入 2～3 g 无水硫酸钠使溶液脱水。于激发光波长 365 nm,发射光波长 435 nm 测量样品管及标准管的荧光值。

按下式计算维生素 B_1 含量。

$$维生素\ B_1\ 含量(\mu g/mL)=\frac{A-B}{C-D}\times 0.1\times\frac{25}{V}$$

式中:A 为样品管的荧光值;B 为样品空白管的荧光值;C 为标准维生素 B_1 管的荧光值;D 为标准维生素 B_1 空白管的荧光值;V 为样品的体积,mL。

五、实验注意事项

(1)加入人造沸石要过量,保证维生素 B_1 的定量吸附。

(2)维生素 B_1 的含量测定时注意各试剂的加入顺序。

六、作业与思考

(1)哪些物质中含有丰富的维生素 B_1? 维生素 B_1 有何作用与功能?

(2)影响实验的关键因素有哪些? 如何提高实验结果的准确度?

实验十九　维生素 C 含量测定

一、实验目的与要求

了解维生素 C 的性质,掌握磷钼酸法测定维生素 C 的原理和操作。

二、实验原理

维生素 C 是一种水溶性维生素,又名抗坏血酸,是人类营养中最重要的维生素之一。水果和蔬菜中维生素 C 含量丰富,在氧化还原代谢反应中起调节作用,缺乏维生素 C 可引起坏血病。近年来,发现维生素 C 可以增强机体对肿瘤的抵抗力,并对化学致癌物有阻断作用。

磷钼酸法测定维生素 C 的原理是基于钼酸铵在强酸和偏磷酸根离子存在的条件下与维生素 C 反应生成蓝色化合物。在一定浓度范围内,吸光度值与维生素 C 的浓度呈线性关系，从而可以通过测量吸光度值来确定维生素 C 的含量。

三、实验材料、器材与试剂

1. 材料

维生素 C 片。

2. 器材

电子天平，分光光度计，离心机，研钵，容量瓶，烧杯，锥形瓶，漏斗，棕色试剂瓶，试管和试管架，刻度吸管和刻度吸管架。

3. 试剂

(1)5%钼酸铵溶液。

(2)草酸-EDTA 溶液　称取 6.3 g 草酸和 0.75 g EDTA-2Na，用蒸馏水溶解后定容至 1 000 mL。

(3)醋酸溶液　按蒸馏水：冰乙酸＝5：1(体积比)配制而成。

(4)硫酸溶液　按蒸馏水：硫酸＝19：1(体积比)配制而成。

(5)偏磷酸-醋酸溶液　称取 3.0 g 偏磷酸粉末，加入 48 mL 醋酸溶液，溶解后定容至 100 mL，过滤，于冰箱中保存。

(6)维生素 C 标准溶液　称取 25.0 mg 维生素 C，蒸馏水溶解后加适量草酸-EDTA 溶液，再用蒸馏水定容至 100 mL，于冰箱中保存备用。

四、实验操作步骤

1. 制作维生素 C 溶液标准曲线

取 6 支洁净试管，按表 4-18 加入试剂。

表 4-18　维生素 C 溶液标准曲线测定

项目	试管					
	0	1	2	3	4	5
维生素 C 标准溶液/mL	0	0.2	0.4	0.6	0.8	1.0
维生素 C 质量/μg	0	50	100	150	200	250
蒸馏水/mL	1.0	0.8	0.6	0.4	0.2	0
草酸-EDTA 溶液/mL	2.0	2.0	2.0	2.0	2.0	2.0
偏磷酸-醋酸溶液/mL	0.5	0.5	0.5	0.5	0.5	0.5
硫酸溶液/mL	1.0	1.0	1.0	1.0	1.0	1.0
5%钼酸铵溶液/mL	2.0	2.0	2.0	2.0	2.0	2.0

各管充分混匀，于 30 ℃水浴 15 min 后，以 0 号管为空白对照，在 760 nm 波长处测定各管吸光度值。以维生素 C 质量(μg)为横坐标，吸光度值为纵坐标，绘制标准曲线。

2. 样品测定

称取 0.2 g 待测维生素 C，研磨至粉末，加入草酸-EDTA 溶液 50 mL，3 500 r/min 离心 5 min，取上清液定容至 100 mL，即为样品液。

取试管 3 支，按表 4-19 操作。

表 4-19 样品中维生素 C 含量的测定

项目	试管		
	0	1	2
样品量/mL	0	1	1
蒸馏水/mL	1	0	0
草酸-EDTA 溶液/mL	2.0	2.0	2.0
偏磷酸-醋酸溶液/mL	0.5	0.5	0.5
硫酸溶液/mL	1.0	1.0	1.0
5%钼酸铵溶液/mL	2.0	2.0	2.0

各管充分混匀，于 30 ℃水浴 15 min 后，以 0 号管为空白对照，在 760 nm 波长处测定各管吸光度值。

$$\text{样品维生素 C 含量}=\frac{\text{通过标准曲线查得测定样品的维生素 C 质量}\times\text{样品稀释倍数}}{\text{样品质量}}$$

五、实验注意事项

(1)维生素 C 具有很强的还原性，在空气中暴露过久会发生氧化作用，因此，样品研磨时要迅速。

(2)样品提取液应避免暴露于日光下，否则会加速维生素 C 的氧化。

(3)实验中的所用试剂需低温保存，以免失效。

六、作业与思考

(1)为了测得准确的维生素 C 含量，实验过程中应注意哪些操作步骤？为什么？

(2)试说明维生素 C 的生理意义。

实验二十 胡萝卜素的提取与含量测定

一、实验目的与要求

了解胡萝卜素的性质，掌握胡萝卜素的提取、吸附层析和含量测定的原理和方法。

二、实验原理

胡萝卜素的分子式为$C_{40}H_{56}$，由植物合成，是橘色的光合色素。依据环的结构差异，胡萝卜素可分为α-胡萝卜素、β-胡萝卜素和γ-胡萝卜素，其中最重要的为β-胡萝卜素。胡萝卜素是主要的维生素A原，能转化成维生素A，保护视网膜，能促进视紫红质合成，构成视觉细胞内的感光物质，提高眼睛暗适应能力，防止视力减退，预防干眼症、夜盲症以及角膜溃疡症等。

胡萝卜素主要溶于石油醚、乙醇和丙酮，因此，这些溶剂被用于提取胡萝卜素。因为叶绿素、叶黄素、番茄红素等其他色素也可溶于以上溶剂，胡萝卜素提取液还必须通过使用吸附剂，把色素吸附出来。吸附层析法指混合物随流动相通过吸附剂时，由于吸附剂对不同物质的不同吸附力，而使混合物分离的方法。吸附过程是一个不断吸附与解吸附的过程，在亲脂性成分的分离制备中，常以氧化铝为吸附剂，它具有较高的吸附容量，价格低廉、分离效果好，应用较广泛。

胡萝卜素极性最小，移动速度最快，用石油醚等有机溶剂可把胡萝卜素洗脱下来，在其最大吸收峰450 nm下测定吸光度值，从而推算样品中胡萝卜素的含量。

三、实验材料、器材与试剂

1. 材料

新鲜胡萝卜。

2. 器材

电子天平，抽气机，干燥器，分光光度计，水果刀，研钵，量筒，烧杯，层析柱。

3. 试剂

(1)无水硫酸钠　研钵烘干。

(2)不同比例石油醚(沸程30～60 ℃)-丙酮混合液。

(3)三氧化二铝　层析用。100～200目，140 ℃干燥2 h，取出放入干燥器备用。

(4)重铬酸钾标准溶液　称取36 mg分析纯的重铬酸钾溶解于100 mL蒸馏水中(此溶液1 mL颜色相当于0.002 08 mg的胡萝卜素)。

四、实验操作步骤

1. 胡萝卜素的提取

称取1.5 g新鲜胡萝卜，切碎，于研钵中适当研磨。待磨细后，加入约5 g无水硫酸钠，搅匀，再加入8 mL石油醚-丙酮混合液(体积比80∶20)，继续研磨至均匀细腻的粉末状。

2. 胡萝卜素的吸附层析

取干燥、清洁的层析柱1支，装入约8 g三氧化二铝，安装时以手轻敲玻璃壁以使其均匀。将层析柱接在抽气机上抽气后备用。

将研磨细的样品小心装入准备好的层析柱中，装时以手轻敲玻璃壁，使其均匀，并在样品上覆盖少许无水硫酸钠。连续用石油醚-丙酮混合液（体积比 95∶5）进行洗脱，每次大约 5 mL，并保证柱面不干，直至洗脱液中不带黄色，即把胡萝卜素全部提取出来为止。记录洗脱液的总量。

3. 胡萝卜素的含量测定

取吸附层析洗脱液，于可见分光光度计 450 nm 波长处测定吸光度值。同法测定重铬酸钾标准溶液的吸光度值。

按下式计算胡萝卜素的含量。

$$100\ \text{g 样品中胡萝卜素的毫克数}=\frac{\frac{A_{\text{样品}}}{A_{\text{标准}}}\times C\times V\times 100}{m}$$

式中：$A_{\text{样品}}$ 为样品溶液的吸光度值；$A_{\text{标准}}$ 为重铬酸钾标准溶液的吸光度值；C 为 0.002 08（1 mL 重铬酸钾标准溶液相当于 0.002 08 mg 胡萝卜素）；V 为洗脱液的总体积，mL；m 为样品的质量，g。

五、实验注意事项

（1）安全、规范使用石油醚、丙酮等试剂。

（2）吸附层析操作时，确保样品均匀分布在柱内。

六、作业与思考

（1）胡萝卜素主要存在于哪些果蔬中？有何生理功能？

（2）胡萝卜素提取和含量测定的影响因素主要有哪些？如何消除？

实验二十一　酵母 RNA 的提取与颜色反应

一、实验目的与要求

学习和掌握从酵母中提取 RNA 的原理和方法，熟悉 RNA 的颜色反应。

二、实验原理

核酸是由许多核苷酸聚合成的生物大分子化合物，是构成生物体的最基本物质之一，广泛存在于所有动植物细胞、微生物体内。在酵母中 RNA 比 DNA 的含量高得多，RNA 含量为 2.67%～10.0%，DNA 则少于 2%（0.03%～0.516%），故在实验室常用酵母作为 RNA 提取的材料。

若要制备具有生物活性的RNA,可采用苯酚法、去污剂法和盐酸胍法等,最常用的是苯酚法;若对生物活性没有要求,则可使用浓盐法、稀碱法等。工业中常用稀碱法或浓盐法,主要用于制备核苷酸的原料,工艺简单,成本降低。本实验采用的稀碱,既可加速细胞的破裂,又可增大RNA的溶解度。当碱被中和后,可用乙醇将RNA沉淀,此为RNA粗品。

从化学组成来说,RNA由碱基、磷酸和戊糖组成。RNA与浓盐酸共热时发生降解,生成的核糖继而在浓酸中脱水环化成糠醛(α-呋喃甲醛),后者可与3,5-二羟基甲苯(地衣酚试剂)反应生成绿色复合物。二苯胺试剂常用于测定DNA中的脱氧核糖,RNA中的核糖一般不与二苯胺起反应。RNA中若含蛋白质可用5%三氯乙酸沉淀后再测定。双缩脲反应是检验蛋白质常用的颜色反应,但蛋白质含量很低时,此显色反应不易观察到。

三、实验材料、器材与试剂

1. 实验材料

酵母。

2. 器材

电子天平,电炉,离心机,通风橱,试管,锥形瓶,量筒,漏斗。

3. 试剂

(1)地衣酚试剂 100 mg地衣酚,溶于100 mL浓盐酸(分析纯)中,再加入100 mg $FeCl_3 \cdot 6H_2O$(或等量CuO),此液需临用前配制。

(2)0.2%氢氧化钠。

(3)10%硫酸。

(4)乙酸。

(5)95%乙醇。

(6)无水乙醚。

(7)10%氢氧化钠。

(8)1%硫酸铜溶液。

(9)氨水。

(10)5%硝酸银溶液。

(11)15%二苯胺试剂 称取二苯胺15 g,溶于100 mL高纯度的无水乙酸中,再加1.5 mL浓硫酸,混合后存于暗处。

四、实验操作步骤

1. 酵母RNA的提取

称取1 g干酵母粉于试管中,加10 mL 0.2%氢氧化钠,在沸水浴中搅拌提取10 min。冷却后滴加10滴乙酸使其略偏酸性。3 500 r/min离心10 min,去除沉淀,向上清液中加入 10 mL 95%乙醇。3 500 r/min 离心 10 min,弃去上清液。将沉淀移至试管,即为粗 RNA。

2. RNA 的颜色反应

取沉淀加入 5 mL 10%硫酸,沸水浴中水解 5 min ,冷却。

(1)取水解液 0.5 mL,加入 1 mL 地衣酚试剂,在沸水浴中加热 5 min,观察颜色变化。

(2)取水解液 2 mL,加 2 mL 氨水及 1 mL 5%硝酸银,摇匀,观察是否产生絮状嘌呤银化合物(若不出现,放置一会再观察)。

(3)取水解液 1 mL,加 10%氢氧化钠溶液 10 滴,摇匀后加 1%硫酸铜溶液 2 滴,静置片刻,观察有无紫色出现。

(4)取水解液 1 mL,加 2 mL 15%二苯胺试剂,摇匀,在沸水浴中加热 10 min,观察颜色变化。

五、实验注意事项

(1)稀碱法提取的 RNA 可能有不同程度的降解。

(2)实验中 RNA 的颜色反应需在通风橱中进行。

六、作业与思考

(1)本实验采用的稀碱法为何提取的多是 RNA 而非 DNA?

(2)试述 CuO 或 $FeCl_3 \cdot 6H_2O$ 在地衣酚法测定 RNA 中的作用。

(3)根据实验现象的观察,说明从酵母中提取的物质除主要为 RNA 外,还包含哪些杂质?

实验二十二　地衣酚法测定 RNA 含量

一、实验目的与要求

学习、掌握地衣酚法测定 RNA 含量的原理和方法。

二、实验原理

在工业生产中常用的提取 RNA 的方法主要是稀碱法和浓盐法。但 RNA 在稀碱溶液中不稳定,容易分解。浓盐法的原理为:在加热的条件下,利用高浓度的盐改变细胞膜的透性,使 RNA 释放出来。浓盐法提取 RNA 易掌握,产品颜色较好。

RNA 在浓盐酸的作用下发生降解,生成的核糖进一步与 3,5-二羟基甲苯(地衣酚试剂)反应,在六水合三氯化铁($FeCl_3 \cdot 6H_2O$)或氧化铜的催化下,反应生成鲜绿色复合物。该复合物的最大吸收峰位于 670 nm 处,当 RNA 浓度在 10～200 μg/mL 范围内时,其吸光度值与 RNA 的浓度成正比，因此，可采用地衣酚法测定 RNA 含量。

地衣酚反应的灵敏度高但特异性较差，凡戊糖均有此反应，样品中有蛋白质、黏多糖或大量 DNA 时对测定有干扰。有大量 DNA 存在时，加入适量的水合氯化铜可减小干扰。

三、实验材料、器材与试剂

1. 材料

酵母。

2. 器材

电子天平，分光光度计，离心机，鼓风干燥箱，恒温水浴锅，循环水真空泵，电炉，试管和试管架，刻度吸管，滴管，量筒，玻璃棒，烧杯，布氏漏斗，表面皿。

3. 试剂

(1)氯化钠。

(2)6 mol/L 盐酸。

(3)95%乙醇。

(4)RNA 标准溶液(100 μg/mL) 准确称取 10.0 mg RNA，用少量蒸馏水溶解(如不溶，可滴加浓氨水，调 pH 至 7.0)，定容至 10 mL，此溶液即为 RNA 标准母液，每 1 mL 含 RNA 1 mg。取母液 1.0 mL，置于 10 mL 容量瓶中，用蒸馏水稀释至刻度，所得即为 RNA 标准溶液，每毫升含 RNA 100 μg。

(5)地衣酚试剂 称取 200 mg 3,5-二羟基甲苯溶于 100 mL 浓盐酸中，再加入 100 mg 六水合三氯化铁或氧化铜。

四、实验操作步骤

1. RNA 的制备

称取 5 g 酵母粉，加 5 g 氯化钠，50 mL 水，搅拌均匀，置于沸水浴中提取 1 h。冷却后，3 500 r/min 离心 10 min。上清液置于冰浴中冷却，待冷至 10 ℃以下时，用 6 mol/L 盐酸小心地调节 pH 至 2.0～2.5(注意严格控制 pH)，调好后继续于冰浴中静置 10 min 使沉淀充分。3 000 r/min 离心 10 min，得 RNA 沉淀。

将沉淀物放在小烧杯内，用 5～10 mL 95%乙醇充分搅拌洗涤，抽滤后，再用 5～10 mL 95%乙醇淋洗 3 次。将沉淀物转入表面皿上，铺成薄层，置于 80 ℃鼓风干燥箱内干燥，称重。

2. 标准曲线的制作

取 6 支试管，按表 4-20 进行操作。

表 4-20 标准曲线的制作

项目	试管					
	0	1	2	3	4	5
RNA 标准溶液/mL	0	0.4	0.8	1.2	1.6	2.0
RNA 质量/μg	0	40	80	120	160	200
蒸馏水/mL	2.0	1.6	1.2	0.8	0.4	0
地衣酚试剂/mL	2.0	2.0	2.0	2.0	2.0	2.0

各管混合均匀，置于沸水中加热 45 min，冷却，以 0 号管溶液为空白，于分光光度计 670 nm 处测定 1～5 号管吸光度值。以 RNA 质量(μg)为横坐标，670 nm 处吸光度值为纵坐标，绘制标准曲线。

3. 样品 RNA 的测定

将一定量的 RNA 粗品用蒸馏水溶解并定容，RNA 浓度为 10～100 μg/mL。

取 1.0 mL 样品溶液置于试管内，加蒸馏水 1.0 mL 及地衣酚试剂 2.0 mL，混合均匀，置于沸水中加热 45 min，冷却，于分光光度计 670 nm 处测定吸光度值。

根据标准曲线求得 RNA 的质量(μg)。

$$\text{RNA 含量}(\%)=\frac{m_1}{m_2}\times 100$$

式中：m_1 为样品溶液中测得的 RNA 的质量，μg；m_2 为样品溶液中样品的质量，μg。

根据含量测定的结果按下式计算 RNA 提取率。

$$\text{RNA 提取率}(\%)=\frac{\text{RNA 含量}(\%)\times\text{RNA 制品质量(g)}}{\text{酵母质量(g)}}\times 100$$

五、实验注意事项

(1)用浓盐法制备 RNA 时应注意掌握温度，避免在 20～27 ℃停留时间过长而导致 RNA 降解。

(2)RNA 不溶于乙醇，95%乙醇洗涤不仅可脱水，使沉淀物疏松，便于过滤、干燥，而且可除去可溶性的脂类及色素等杂质，提高制品的纯度。

(3)地衣酚试剂由浓盐酸配制而成，注意操作安全。

(4)凡是含有戊糖的物质都能与地衣酚试剂发生类似反应，影响实验结果的准确度。

六、作业与思考

(1)工业上提取制备 RNA 常用的方法是哪几种？各自原理是什么？有何优点？

(2)RNA 含量测定的方法有哪些？基本原理分别是什么？

实验二十三　定磷法测定核酸含量

一、实验目的与要求

掌握定磷法测定核酸含量的原理和方法。

二、实验原理

定磷法是通过测量核酸中磷的含量来计算核酸总量的方法，是基于核酸是一类含磷化合物，磷酸基比例相对固定，其中 RNA 的含磷量为 8.5%～9.0%，而 DNA 的含磷量约为 9.2%。因此，通过定磷法确定磷含量后，便可推算出样品中的核酸含量。

核酸分子的有机磷在强酸条件下被消化为无机磷，后者进而与钼酸铵结合成黄色的磷钼酸铵络合物，在还原剂存在的情况下，磷钼酸铵络合物转变为蓝色的还原产物(钼蓝)，在 650～660 nm 波长处具有最大吸光度值。在一定范围内，钼蓝颜色的深浅与磷含量成正比。

若样品中尚含有无机磷，需要进行对照测定，消除无机磷的影响，以提高准确性。

三、实验材料、器材与试剂

1. 材料

粗核酸(酵母 RNA)。

2. 器材

恒温水浴锅，电炉，分光光度计，凯氏烧瓶，漏斗，容量瓶，刻度吸管，试管，洗耳球。

3. 试剂

(1)标准磷工作溶液　将磷酸二氢钾于 105 ℃烘至恒重，并于干燥器内冷却。准确称取 0.438 9 g 溶于少量蒸馏水中，定容至 100 mL，即成含磷量为 1 mg/mL 的标准磷贮备溶液。临用时取该溶液稀释 100 倍，即得标准磷工作溶液(10 μg/mL)。

(2)定磷试剂　6 mol/L 硫酸：水：2.5%钼酸铵：10%抗坏血酸＝1：2：1：1(体积比)。现用现配。配好时试剂应呈黄绿色或黄色，如呈棕色或深绿色应弃去。

(3)催化剂　五水合硫酸铜：硫酸钾＝1：4(质量比)。研成细粉备用。

(4)浓硫酸。

(5)5%氨水。

四、实验操作步骤

1. 标准曲线的制作

取 6 支试管，编号，按表 4-21 操作。

表 4-21　磷标准曲线的测定

项目	管号					
	0	1	2	3	4	5
标准磷工作溶液/mL	0	0.2	0.4	0.6	0.8	1.0
磷含量/μg	0	2	4	6	8	10
蒸馏水/mL	3.0	2.8	2.6	2.4	2.2	2.0
定磷试剂/mL	3	3	3	3	3	3

各管混合均匀，于 45 ℃水浴中保温 15 min，冷却。以 0 号管溶液为空白，于分光光度计 660 nm 处测定 1～5 号管吸光度值。以磷含量(μg)为横坐标，660 nm 处吸光度值为纵坐标，绘制标准曲线。

2. 总磷和无机磷样品液的制备

准确称取 0.1 g 样品(粗核酸)，用少量蒸馏水溶解(如不溶，可滴加 5%氨水调至 pH 7.0)，转移至 50 mL 容量瓶中，加水至刻度。所得即为样品液(2 mg/mL)，备用。

吸取 1.0 mL 样品液(2 mg/mL)，置于 50 mL 凯氏烧瓶中，加入少量催化剂，再加 4 mL 浓硫酸及 3 粒玻璃珠，凯氏烧瓶中内插一小漏斗，放在通风橱内加热，消化至透明，表示消化完成。冷却后，将消化液移入 100 mL 容量瓶中，用少量水洗涤凯氏烧瓶 2 次，洗涤液一并倒入容量瓶，加水定容，即为总磷样品液。

吸取 1.0 mL 样品液(2 mg/mL)置于 100 mL 容量瓶中，加水定容，即为无机磷样品液。

3. 总磷和无机磷的测定

取 5 支试管，编号，按表 4-22 操作。

表 4-22　总磷和无机磷的测定

项目	空白	总磷		无机磷	
	0	1	2	3	4
总磷样品液/mL	0	3	3		
无机磷样品液/mL				3	3
蒸馏水/mL	3				
定磷试剂/mL	3	3	3	3	3

各管混合均匀，于 45 ℃水浴中保温 15 min，冷却。以 0 号管溶液为空白，于分光光度计 660 nm 处测定吸光度值。

4. 计算

$$有机磷\ A_{660\ \mathrm{nm}} = 总磷\ A_{660\ \mathrm{nm}} - 无机磷\ A_{660\ \mathrm{nm}}$$

由标准曲线可查得有机磷的质量(μg)，根据测定时的取样毫升数，求得有机磷的质量浓度(μg/mL)。

按下式计算样品中核酸的含量。

$$\text{核酸含量}(\%)=\frac{CV\times 11}{m}\times 100$$

式中：C 为有机磷的质量浓度，μg/mL；V 为样品总体积，mL；11 为因核酸中含磷量为 9% 左右，1 μg 磷相当于 11 μg 核酸；m 为样品质量，μg。

五、实验注意事项

(1)蛋白质和核苷酸的存在对定磷法测定核酸含量有干扰。

(2)定磷法既可以测定 DNA 的含量又可以测定 RNA 的含量，若 DNA 中混有 RNA 或 RNA 中混有 DNA，都会影响结果的准确性。

六、作业与思考

(1)为什么测定磷的含量可以算出 RNA 或 DNA 的含量？

(2)定磷法测定核酸含量有哪些因素影响实验结果？如何克服？

实验二十四　肌糖原的酵解作用检测

一、实验目的与要求

了解糖酵解作用在糖代谢过程中的地位及生理意义，学习和掌握检测糖酵解作用的原理和方法。

二、实验原理

肌糖原的酵解作用，即在缺氧的条件下，肌糖原通过一系列的酶促反应，最终转变为乳酸。这一过程是肌糖原分解的一种方式，主要发生在肌肉组织中。肌肉组织中的肌糖原先与磷酸化合而分解，经过己糖磷酸酯、丙糖磷酸酯、丙酮酸等一系列中间产物，最后生成乳酸。肌糖原的酵解作用是糖类供给组织能量的一种方式。当机体突然需要大量的能量，而又供氧不足，则糖原的酵解作用暂时满足能量消耗的需要。本实验以动物肌肉组织中肌糖原的酵解过程为例。

糖原酵解作用的实验，一般使用肌肉糜或肌肉提取液。肌肉糜或肌肉提取液中含有丰富的糖原及参与糖原酵解过程的各种酶，如糖原磷酸化酶、磷酸葡萄糖变位酶、己糖激酶等，而且制备相对简单，可以通过不同处理方法的选择控制实验条件，能够在一定程度上模拟体内的生理环境。

在进行肌糖原酵解作用的实验时，使用肌肉糜必须在无氧条件下进行。这是因为糖原酵解作用主要在无氧条件下发生，而在有氧条件下，组织内的糖原酵解作用会受到抑制，有氧氧化成为糖代谢的主要途径。肌肉糜中含有催化有氧呼吸和无氧呼吸（酵解作用）的酶，因此在无氧条件下，这些酶能够促进糖原酵解过程的发生。若使用肌肉提取液，则可以在有氧条件下进行，因为催化酵解作用的酶系统全部存在于肌肉提取液中，而催化呼吸作用的酶系统则集中在线粒体中，即使在有氧条件下，糖原酵解作用也能进行。

实验过程中，糖原或淀粉的酵解作用可以通过乳酸的生成来观测。在除去蛋白质与糖以后，乳酸可以与硫酸共热变成乙醛，再与对羟基联苯反应产生紫罗兰色物质，根据颜色的显现可以鉴定糖原酵解作用的发生。这种方法比较灵敏，每毫升溶液中含 1～5 μg 乳酸即可发生明显的颜色反应。

三、实验材料、器材与试剂

1. 材料

兔肌肉糜。

2. 器材

电子天平，恒温水浴锅，电炉，试管和试管架，刻度吸管，滴管，量筒，玻璃棒，剪刀，镊子。

3. 试剂

(1)20％三氯乙酸。

(2)1/15 mol/L 磷酸二氢钾溶液(pH 7.4)。

(3)0.5％糖原溶液(或 0.5％淀粉溶液)。

(4)液体石蜡。

(5)氢氧化钙(粉末)。

(6)饱和硫酸铜溶液。

(7)浓硫酸。

(8)对羟基联苯试剂　称取 1.5 g 对羟基联苯，溶于 100 mL 0.5％氢氧化钠溶液，配成 1.5％的溶液。若对羟基联苯颜色较深，应用丙酮或无水乙醇重结晶。放置时间较长后，会出现针状结晶，应摇匀后使用。

四、实验操作步骤

1. 肌肉糜的制备

将鸡杀死、剥皮后，割取背部和腿部肌肉，在低温条件下充分剪碎，即成肌肉糜，4 ℃保存备用(临用前制备)。

2. 肌肉的糖酵解

取4支试管，编号，1、2号管为样品管，3、4号管为空白管。按表4-23操作。各试管分别加入0.5 g新鲜肌肉糜。

表4-23　肌肉的糖酵解

项目	样品管		空白管	
	1	2	3	4
新鲜肌肉糜/g	0.5	0.5	0.5	0.5
20%三氯乙酸/mL			3	3
	用玻璃棒将肌肉糜打散，搅匀			
1/15 mol/L 磷酸二氢钾溶液(pH 7.4)/mL	3	3	3	3
0.5%糖原溶液(或0.5%淀粉溶液)/mL	1	1	1	1
	充分搅匀后，加入少许液体石蜡封口			
	37 ℃恒温保温1 h			
20%三氯乙酸/mL	3	3		

将各试管内容物分别过滤。分别量取每个样品的滤液5 mL，加入已编号的对应试管中。向每管内加入饱和硫酸铜溶液1 mL，混匀，再加0.4 g氢氧化钙粉末，用玻璃棒充分搅匀后，放置10 min，并不时振荡，使糖沉淀完全。将每个样品分别过滤，弃去沉淀，上清液用于乳酸的测定。

3. 乳酸的测定

取4支洁净、干燥试管，编号，各加入浓硫酸2 mL。冰浴冷却后，逐滴加入1滴或2滴每个样品的滤液，边加边摇动冰浴中的试管，避免局部过热。

将试管内液体混合均匀，置于沸水浴中煮沸5 min。冷却后，再加入对羟基联苯试剂2滴，勿将对羟基联苯试剂滴到试管壁上。混匀后，比较和记录各管溶液的颜色深浅。

五、实验注意事项

(1)在乳酸测定中，试管必须洁净、干燥，防止污染。

(2)大量糖类和蛋白质等杂质的存在会干扰测定结果。

六、作业与思考

(1)本实验如何检测糖酵解作用？

(2)确保实验成功的关键步骤有哪些？为什么？

实验二十五　酮体的生成与测定

一、实验目的与要求

了解酮体代谢的基本规律，掌握硫代硫酸钠滴定法研究酮体代谢的方法。

二、实验原理

脂肪酸 β-氧化是脂类分解代谢中长链脂肪酸分解的主要途径。在肝脏中，脂肪酸经 β-氧化作用生成乙酰辅酶 A。乙酰辅酶 A 可再经酮体代谢生成乙酰乙酸。乙酰乙酸也可脱羧生成丙酮或还原生成 β-羟丁酸。乙酰乙酸、β-羟丁酸和丙酮总称为酮体。

酮体是机体代谢的中间产物。肝脏具有较强合成酮体的酶系，但是却缺乏利用酮体的酶系。在饥饿期间，酮体是包括脑在内的许多组织的能量来源，因此具有重要的生理意义。饥饿时，酮体可占脑能量来源的 25%～75%。当肝脏内酮体产生的速度超过肝外组织利用的速度时，会导致中毒。要避免酮体过多产生，就必须充分保证糖供给。

本实验主要测定的是丙酮的含量。新鲜肝脏组织与丁酸保温作用生成丙酮，生成的丙酮，可通过碘仿反应来进行测定。

在碱性的条件下，过量的碘（定量）与丙酮反应生成碘仿。

$$2NaOH + I_2 \longrightarrow NaOI + NaI + H_2O$$

$$CH_3COCH_3 + 3NaOI \longrightarrow CHI_3(\text{碘仿}) + CH_3COONa + 2NaOH$$

剩余的碘，用标准硫代硫酸钠（$Na_2S_2O_3$）溶液在酸性环境中滴定。

$$NaOI + NaI + 2HCl \longrightarrow I_2 + 2NaCI + H_2O$$

$$I_2 + 2Na_2S_2O_3 \longrightarrow Na_2S_4O_6 + 2NaI$$

根据滴定样品与滴定对照所消耗的硫代硫酸钠溶液体积之差，可以计算由丁酸氧化生成丙酮的量。

三、实验材料、器材与试剂

1. 材料

小白鼠肝脏。

2. 器材

电子天平，恒温水浴锅，镊子、剪刀，50 mL 三角瓶，刻度吸管和刻度吸管架，漏斗和漏斗架，微量滴定管。

3. 试剂

(1)0.5 mol/L 丁酸溶液　取 45 mL 正丁酸用 0.1 mol/L 氢氧化钠溶液调 pH 至

7.6，并稀释至1 000 mL。

(2)乐氏液(Locke溶液)　称取0.9 g氯化钠，0.042 g氯化钾，0.024 g氯化钙，0.015 g碳酸氢钠和0.1 g葡萄糖溶于水中，定容至100 mL。

(3)1/15 mol/L pH 7.6磷酸盐缓冲液　分别吸取86.8 mL 1/15 mol/L Na_2HPO_4和13.2 mL 1/15 mol/L NaH_2PO_4，两者混合均匀即得。

(4)0.1 mol/L碘液　称取12.7 g碘和25 g碘化钾，用水溶解后，定容至1 000 mL。

(5)10%盐酸　按38%浓盐酸进行稀释。

(6)0.05 mol/L硫代硫酸钠溶液　称取25 g结晶硫代硫酸钠($Na_2S_2O_3 \cdot 5H_2O$)溶解在煮沸并冷却的纯水中，加入3.8 g硼砂溶解后定容至1 000 mL。

(7)15%三氯乙酸溶液。

(8)10%氢氧化钠溶液。

(9)0.1%淀粉溶液。

四、实验操作步骤

1. 肝糜制备

将小白鼠处死，称取肝脏5 g，冰浴研成匀浆，即得肝糜。同样操作制备2份。

2. 酮体的生成和蛋白质的沉淀

取50 mL三角瓶2支，按表4-24操作。

表4-24　酮体的生成和蛋白质的沉淀

项目	1号(样品)	2号(对照)
乐氏液/mL	3	3
1/15 mol/L pH 7.6磷酸盐缓冲液/mL	2	2
0.5 mol/L丁酸溶液/mL	3	
纯水/mL		3
肝糜/g	5	5
	混匀，37 ℃水浴中保温3 h	
15%三氯乙酸/mL	2	2
0.5 mol/L丁酸溶液/mL		3
纯水/mL	3	
	混匀，静置15 min，分别过滤，滤液备用	

3. 测定

另取50 mL三角瓶3支，分别取上述滤液5 mL，加入3号瓶与4号瓶，5号瓶加水。按表4-25操作。

表 4-25 硫代硫酸钠溶液滴定

项目	3 号(样品)	4 号(对照)	5 号
滤液/mL	5	5	
0.1 mol/L 碘液/mL	5	5	5
10%氢氧化钠溶液/mL	5	5	5
纯水/mL			5
	混匀,静置 10 min		
10%盐酸/mL	5	5	5
	充分摇匀,立即用 0.05 mol/L 硫代硫酸钠溶液滴定呈淡黄色		
0.1%淀粉溶液/滴	5	5	5

各组分别充分摇匀,继续用 0.05 mol/L 硫代硫酸钠溶液滴定至蓝色消失,记录滴定消耗硫代硫酸钠溶液的体积(mL)。

4. 数据处理

1 mL 0.05 mol/L 硫代硫酸钠溶液相当于 0.967 3 mg 丙酮,故样品中丙酮含量应为:

$$丙酮含量=\frac{(B-A)\times 0.9673\times 提取液总体积}{提取液用量}$$

式中:B 为滴定空白管所用硫代硫酸钠溶液体积,mL;A 为滴定样品管所用硫代硫酸钠溶液体积,mL。

实验中,3 号瓶(样品)求得的丙酮量减去 4 号瓶(对照)的丙酮量,即丁酸经过 β-氧化作用形成的丙酮量。

五、实验注意事项

(1)所用材料必须新鲜,肝组织要在冰浴中研磨成匀浆。

(2)注意滴定终点的控制,保证实验的准确度。

六、作业与思考

(1)酮体生成的生理意义是什么?

(2)为什么说实验中必须保证肝组织新鲜?

(3)为什么测定碘仿反应中剩余的碘可以计算出样品中丙酮的含量?

(4)本实验影响结果准确度的因素有哪些?可以采取哪些措施予以克服?

实验二十六　酶促转氨反应的鉴定

一、实验目的与要求

学习鉴定转氨基作用的简便方法和原理，熟练掌握利用纸层析研究代谢的基本方法，了解酶促转氨反应在中间代谢中的意义。

二、实验原理

转氨基作用是生物体内一个重要的生化反应，它可作为沟通蛋白质和糖代谢的桥梁，并通过丙酮酸、α-酮戊二酸和草酰乙酸分别形成丙氨酸、谷氨酸、天冬氨酸等非必需氨基酸。转氨基作用又称氨基转移作用，即在转氨酶的催化作用下，一种 α-氨基酸上的氨基可以转移到 α-酮酸的 α-碳上，从而生成相应的一分子 α-酮酸和一分子 α-氨基酸。组成蛋白质的氨基酸有 20 种，除赖氨酸、精氨酸、苏氨酸外，其他的氨基酸都能促成转氨基作用。每种氨基酸都由专一的转氨酶催化，其最适 pH 接近 7.4。在各种转氨酶中，分布最广、活性最大的为谷丙转氨酶(GPT)和谷草转氨酶(GOT)。

测定转氨酶活力的方法有纸上层析法及光电比色法，本实验采用纸上层析法，以谷氨酸和丙酮酸混合溶液在 GPT 作用下进行的反应，来观察酶促转氨基作用，鉴定组织中转氨酶的活性。

用纸层析法鉴定转氨基产物丙氨酸的存在与否，其原理为：被分离的混合物中各组分物理化学的性质(分子的形状和大小、分子的极性、吸附力、分子亲和力、分配系数等)的不同，使各组分以不同程度分布在两相(固定相和流动相)中，当流动相流过固定相时，各组分以不同速度移动，从而达到分离。谷氨酸和丙氨酸是理化性质不同的两种氨基酸，前者为亲水性氨基酸，后者为疏水性氨基酸，二者在固定相与流动相中的分配程度不同，因而流速不同，从而显色出不同的斑点。

三、实验材料、器材与试剂

1. 材料

猪肝。

2. 器材

离心机，恒温水浴锅，电炉，干燥箱，滤纸，电吹风，培养皿，直尺，铅笔，毛细管，研钵，层析缸。

3. 试剂

(1)0.1 mol/L 谷氨酸溶液　1.47 g 谷氨酸溶于 100 mL 1%磷酸钾溶液中。

(2)1%丙酮酸钠溶液。

(3)0.5%标准丙酮酸溶液。

(4)0.5%标准谷氨酸溶液。

(5)展层剂　95%乙醇∶水∶苯酚=80∶20∶8，充分摇匀。

(6)茚三酮　按展层剂0.25%的比例将茚三酮加入展层剂中，使其溶解。

(7)0.1 mol/L pH 7.5 磷酸缓冲液。

(8)50%乙酸。

(9)0.9%氯化钠溶液。

四、实验操作步骤

1. 酶液的提取

称取猪肝脏3 g，剪碎置于研钵中，加入2 mL 0.9%氯化钠溶液研磨成匀浆，转移到离心管中，再加入2 mL 0.9%氯化钠溶液冲洗研钵，溶液并入离心管中，4 000 r/min离心5 min，弃去沉淀，上清液即酶液。

2. 酶促反应

取2支试管，分别编号。先向2号管中加入0.5 mL 0.9%氯化钠溶液和5滴50%乙酸，然后按表4-26加入试剂。

表4-26　酶促反应的测定

管号	0.1 mol/L 谷氨酸溶液/mL	1%丙酮酸钠溶液/mL	pH 7.5 磷酸缓冲液/mL	酶液/mL
1(待测)	0.5	0.5	2.0	0.5
2(对照)	0.5	0.5	2.0	0.5(已处理)

摇匀，37 ℃保温30 min，取出后向1号管中加5滴50%乙酸终止反应，再将1、2号管置于沸水浴中2 min，使蛋白质沉淀，流水冷却，4 000 r/min离心5 min，上清液备用。

3. 纸层析鉴定反应结果

(1)纸的处理　取15 cm的圆形滤纸一张，通过对角线对折找其圆心，并用铅笔点出圆心部位，量出距圆心1 cm处的位置用铅笔标记，作为点样处(避开对角线折痕处)标注4个点的名称，分别为谷氨酸、丙氨酸、测试管、对照管，在滤纸的另一面边缘标注班级、姓名等信息。

(2)点样　用毛细管在标记的点样处点样，标准品点2～3次，样品点3～5次，保证每点在纸上扩散的直径不超过3 mm。

(3)层析　另取小滤纸，卷成灯芯，插入圆形小孔，并将下端剪成刷状(不能使灯芯突出纸面过长)，将滤纸平放在盛有层析液培养皿上，使灯芯向下与溶剂接触，用大小相同的培养皿盖在滤纸上，展层约1.5 h。

(4)显色　取出滤纸，取下灯芯，将滤纸置于110 ℃干燥箱烘干，观察结果。

五、实验注意事项

(1)猪肝在研磨前要尽可能剪碎,否则影响提取酶液的含量。

(2)对照管首先要处理酶液。

(3)点样时勿点于折痕处,以免影响展层剂的扩散。

(4)点样时毛细管勿插错。

(5)操作时,保持滤纸清洁。

六、作业与思考

(1)人体内的转氨酶主要有哪两种,测定它们的临床意义是什么?

(2)实验对照和测定管显现的斑点有何不同?它们分别代表何物质?

(3)实验操作中的关键步骤有哪些?

第五章　综合性实验

实验二十七　脂肪的水解及组分分析

一、实验目的与要求

加深对脂肪组成的认识，掌握脂肪的碱水解及组分鉴定方法。

二、实验原理

中性脂肪是动、植物细胞贮存脂肪的主要形式，是由脂肪酸分子与甘油分子脱水缩合而成的化合物。在酸、碱或酯酶的作用下，中性脂肪可以发生水解。例如以碱作为催化剂，生成甘油和能溶于水的盐类（即皂），此过程即为皂化作用。皂用酸水解可产生不溶于水的脂肪酸。

在加热条件下，甘油与 P_2O_5（五氧化二磷）、$CaCl_2$（氯化钙）、$KHSO_4$（硫酸氢钾）或无水 Na_2SO_4（硫酸钠）等脱水剂反应，形成丙烯醛。甘油单独加热到 450 ℃以上时，也会发生类似的脱水反应。丙烯醛是一种具有特殊气味的化合物，具有能够还原银氨络合物，并析出银的特性。

三、实验材料、器材与试剂

1. 材料

猪油或其他脂肪。

2. 器材

电炉，恒温水浴锅，鼓风干燥箱，锥形瓶，漏斗，蒸发皿，烧杯，量筒，分液漏斗，试管。

3. 试剂

(1)0.5 mol/L 氢氧化钠-乙醇溶液　称取 2 g 氢氧化钠溶于 100 mL 无水乙醇。

(2)95%乙醇。

(3)浓盐酸。

(4)氯化钙。

(5)硫酸氢钾。

(6)硝酸银溶液。

(7)氨水。

(8)乙醚。

(9)苯。

(10)石蕊试纸。

四、实验操作步骤

1. 皂化作用

取 0.7 g 猪油(液体约 30 滴)于 100 mL 锥形瓶中,加入 10 mL 0.5 mol/L 氢氧化钠-乙醇溶液,在瓶口上插一小漏斗,漏斗上再盖一块玻璃,然后在沸水浴中加热约 1 h。反应完成后移去漏斗,继续加热除去乙醇。再加入 10 mL 蒸馏水,加热,使皂化物溶解成混合液。

2. 脂肪酸与甘油的分离

在上述溶液中加入约 5 mL 浓盐酸使之呈酸性,加热,可见脂肪酸呈油状浮于上层时,用分液漏斗分开上、下层。

取上层用热水重复洗涤 3 次,每次用水 100 mL,除去混杂于脂肪中的无机盐、甘油、盐酸等,静置澄清,上清液即为脂肪酸。

取下层(即水层)置于蒸发皿中,在蒸汽浴上蒸干,加入 5~10 mL 乙醇,再蒸干,残留物大部分为氯化钠及少量甘油,用 35 mL 乙醇分 3 次提取并略加热以利于提取完全,合并 3 次所得提取液,置于蒸发皿内,在水浴上蒸发至浆状。

3. 甘油的鉴定及脂肪酸的性质

取分离出的脂肪酸置于鼓风干燥箱中 90~95 ℃干燥,检验脂肪酸在水、乙醚及苯中的溶解度。再取一点脂肪酸用 95%乙醇溶解,用石蕊试纸检验其酸碱性。

取分离出的甘油少许于试管中,加少量氯化钙或硫酸氢钾混匀。小心加热,注意观察气味的变化。或取一滤纸条,滴上数滴硝酸银溶液及数滴氨水,将滤纸条挂在试管口,注意气味及滤纸的变化。

五、实验注意事项

(1)实验过程中需小心谨慎,注意操作安全、规范。

(2)在进行组分分析时,应严格按照实验步骤和操作规程进行。

六、作业与思考

(1)实验操作中的关键步骤有哪些?

(2)用于脂肪的水解和组成鉴定的实验方法还有哪些?试举例说明,并分析其工作原理。

实验二十八　血清清蛋白的纯化与鉴定

一、实验目的与要求

熟悉蛋白质纯化与鉴定的总体思路，掌握盐析法、凝胶层析法、离子交换层析法等实验原理及操作技术。

二、实验原理

蛋白质的分离、纯化是研究蛋白质的化学结构及其生物学功能的重要手段。蛋白质的分离和纯化方法多样，主要基于蛋白质的物理和化学性质差异进行。

血清中含有清蛋白和各种球蛋白（α-球蛋白、β-球蛋白、γ-球蛋白等）。本实验先用盐析进行初步分离。血清清蛋白和球蛋白在半饱和硫酸铵溶液中的稳定性不同，导致清蛋白不沉淀而球蛋白沉淀。离心后，清蛋白主要存在于上清液中，而球蛋白则存在于沉淀中。沉淀的球蛋白加少量水可重新溶解。

对于经盐析初步分离得到的蛋白质，其相对分子质量比硫酸铵大得多，可用凝胶层析法除去硫酸铵。

将除去硫酸铵后的蛋白质采用离子交换层析法进行纯化。二乙氨基乙基（DEAE）纤维素为阴离子交换剂，在 pH 6.5 的条件下时，DEAE 纤维素带正电荷，能吸附带负电荷的清蛋白、α-球蛋白和 β-球蛋白（pI 分别为 4.88、5.06 和 5.12），γ-球蛋白则带正电荷不能被吸附而直接从层析柱流出。提高乙酸铵溶液的浓度到 0.06 mol/L 时，DEAE 纤维素层析柱上的 β-球蛋白及部分 α-球蛋白可被洗脱下来。当将乙酸铵浓度提高至 0.3 mol/L 时，则清蛋白被洗脱下来，此时收集的即为较纯的清蛋白。

目前蛋白质的定量方法有很多，本实验应用紫外吸收法定量检测。因蛋白质分子中的酪氨酸、苯丙氨酸和色氨酸在 280 nm 处具有最大光吸收，且各种蛋白质中的这 3 种氨基酸的含量差别不大，因此可应用紫外吸收法实现蛋白质的定量检测。

三、实验材料、器材与试剂

1. 材料

新鲜血清（人、牛、猪、羊、兔等血清均可，但应新鲜，不得有沉淀物或细菌滋生）。

2. 器材

电子天平，离心机，紫外-可见分光光度计（含石英比色皿），循环水真空泵，酸度计，刻度吸管，量筒，层析柱，三角烧瓶，玻璃棒，反应板（黑瓷板），铁架台，试管和试管架，布氏漏斗，滴管，洗耳球。

3. 试剂

（1）饱和硫酸铵溶液　称取 850 g 固体硫酸铵加于 1 000 mL 蒸馏水中，在 70～80 ℃

下搅拌促溶，室温中放置过夜，瓶底析出白色结晶，上清液即为饱和硫酸铵液。

(2)0.3 mol/L 乙酸铵缓冲液(pH 6.5) 称取 23.13 g 乙酸铵，加蒸馏水 800 mL 溶解，滴入稀氨水或稀乙酸液，混合均匀，准确调节至 pH 6.5，再加蒸馏水至 1 000 mL。密塞保存。

(3)0.06 mol/L 乙酸铵缓冲液(pH 6.5) 取 0.3 mol/L 乙酸铵缓冲液(pH 6.5)用蒸馏水进行 5 倍稀释。密塞保存。

(4)0.02 mol/L 乙酸铵缓冲液(pH 6.5) 取 0.06 mol/L 乙酸铵缓冲液(pH 6.5)用蒸馏水进行 3 倍稀释。密塞保存。

(5)1%氯化钡。

(6)20%磺基水杨酸溶液。

(7)1.5 mol/L 氯化钠-0.3 mol/L 乙酸铵溶液 称取氯化钠 87.7 g 用 0.3 mol/L 乙酸铵缓冲液(pH 6.5)溶解，定容至 1 000 mL。

(8)1 mg/mL 标准蛋白质溶液 称取 50 mg 牛血清白蛋白(BSA)，加水溶解，定容至 50 mL。

(9)葡聚糖凝胶 G-25。

(10)DEAE 纤维素。

四、实验操作步骤

1. 硫酸铵盐析

取 1.0 mL 血清，边摇边缓慢滴入 1.0 mL 饱和硫酸铵溶液，混匀后在室温下放置 10 min，3 000 r/min 离心 10 min。用滴管小心吸出上清液(尽量全部吸出，但不得有沉淀物)，即为粗清蛋白液。沉淀加蒸馏水溶解，即为粗球蛋白液。

2. 凝胶层析脱盐

(1)凝胶的准备 按每 100 mL 凝胶床取 25 g 干胶比例称取葡聚糖凝胶 G-25，按每克干胶加入蒸馏水约 50 mL，轻轻摇匀，置于沸水浴中 1 h 并经常摇动使气泡逸出，取出冷却。凝胶沉淀后，倾去含有细微悬浮物的上层液，加入 2 倍量 0.02 mol/L 乙酸铵缓冲液(pH 6.5)混匀。静置片刻待凝胶颗粒沉降后，倾去含细微悬浮物的上层液，再用 0.02 mol/L 乙酸铵缓冲液(pH 6.5)重复处理一次。

(2)装柱 将层析柱垂直固定于铁架台上，加入 0.02 mol/L 乙酸铵缓冲液(pH 6.5)少许，检查是否漏液及活塞是否堵塞，如无异常，关紧下端出口。将上述处理好的葡聚糖凝胶 G-25 悬液小心加入层析柱中，至凝胶沉淀高度为 10～15 cm(注意凝胶装填要均匀，不得有气泡和断层)。经 0.02 mol/L 乙酸铵缓冲液(pH 6.5)平衡(如重复使用，注意用氯化钡检测是否存在 SO_4^{2-}，如有 SO_4^{2-}，则在冲洗到无 SO_4^{2-} 存在后，继续洗涤 10～15 mL)，关紧下端活塞，保持液面高于凝胶面。

(3)上样和洗脱 打开层析柱下端活塞，使床面上的缓冲液流出至液面降至凝胶床表面。关闭出水口，用长滴管吸取清蛋白(球蛋白)溶液，沿层析柱内表面加样(注意不要破坏凝胶床表面的平整)。打开活塞,使清蛋白(球蛋白)样品进入凝胶床,至液面降至凝胶床表面为止(液面不得降至凝胶床表面以下)。小心用 2 mL 0.02 mol/L 乙酸铵缓冲液(pH 6.5)洗涤层析柱壁,待缓冲液进入凝胶床后再加少量缓冲液,如此重复 3 次,以洗净沾在管壁上的蛋白质样品液。

(4)收集　继续用 0.02 mol/L 乙酸铵缓冲液(pH 6.5)流洗,同时应注意流出的液体量。用小试管收集流出的液体,每管收集 10 滴。

(5)检测　在反应板凹孔内每孔加 2 滴 20%磺基水杨酸溶液,依次加入各管收集的液体 1 滴。若流出液 1 滴滴入凹孔内接触到磺基水杨酸溶液,衬着黑色背景观察可见白色混浊或沉淀,表示已有白蛋白流出,并可根据白色混浊程度初步判断各管蛋白质的多少。

另取反应板,每孔各加入 1 滴 1%氯化钡溶液检测有无 SO_4^{2-},有 SO_4^{2-} 的弃掉。

结合检测情况,取含蛋白质浓度最高的试管溶液进行合并。

(6)凝胶层析柱的再生平衡　用 0.02 mol/L 乙酸铵缓冲液(pH 6.5)流洗,用氯化钡溶液检查层析柱流出液,当流出液用氯化钡检查为阴性后,继续洗涤 10～15 mL,凝胶层析柱即已再生平衡,可再次使用。

3. DEAE 纤维素离子交换层析纯化

(1)DEAE 纤维素的处理　按 100 mL 柱床体积称取 DEAE 纤维素 14 g,每克加 15 mL 0.5 mol/L 盐酸,搅拌后放置 30 min,抽滤,加约 10 倍量水,搅匀后放置 20 min,抽滤,蒸馏水洗至流出液 pH 约为 4。加等体积的 0.5 mol/L 氢氧化钠(每克纤维素加 15 mL)搅拌后放置 30 min,抽滤,再用 0.5 mol/L 氢氧化钠重复处理一次,抽滤,用水洗至流出 pH 约为 7。加 0.02 mol/L 乙酸铵缓冲液(pH 6.5),放置 30 min,待装柱。

(2)装柱、上样与洗脱　将处理好的 DEAE 纤维素装柱 8～10 cm 高度,缓冲液面始终高于纤维素床表面。

将除盐的蛋白质溶液上柱,用 0.02 mol/L 乙酸铵缓冲液(pH 6.5)洗脱,20%磺基水杨酸溶液检测,至 γ-球蛋白流出。将柱上的缓冲液液面降至与纤维素柱床表面平齐,改用 0.06 mol/L 乙酸铵缓冲液(pH 6.5)洗涤,20%磺基水杨酸溶液检测,至 α-球蛋白及 β-球蛋白流出。将柱上的缓冲液液面降至与纤维素柱床表面平齐,改用 0.3 mol/L 乙酸铵缓冲液(pH 6.5)洗脱,20%磺基水杨酸溶液检测,至清蛋白流出。

收集、检测到的蛋白质溶液留作定量测定。

(3)再生　先用 1.5 mol/L 氯化钠-0.3 mol/L 乙酸铵溶液流洗,再用 0.02 mol/L 乙酸铵缓冲液(pH 6.5)流洗平衡,即可。

4. 紫外吸收法定量检测

(1)标准曲线的制作　取试管 6 支,按表 5-1 操作。

表 5-1 蛋白质标准曲线的测定

项目	试管					
	0	1	2	3	4	5
1 mg/mL 标准蛋白质溶液/mL	0	0.5	1	1.5	2	2.5
蛋白质含量/mg	0	0.5	1	1.5	2	2.5
蒸馏水/mL	4	3.5	3	2.5	2	1.5

混合均匀，以 0 号管溶液调零，于 280 nm 波长处测定 1～5 号试管溶液的吸光度值。以蛋白质含量(mg)为横坐标，以对应吸光度值为纵坐标，绘制标准曲线。

(2)样品测定　取纯化后的蛋白质溶液，按标准曲线方法测定 280 nm 波长处的吸光度值，根据标准曲线，计算待测蛋白质的浓度。

五、实验注意事项

(1)实验时勿将各时段所使用的溶液及浓度混淆。

(2)洗脱时应注意及时收集样品，切勿使蛋白质峰溶液流失，并注意层析柱不要流干。

(3)葡聚糖凝胶、DEAE 纤维素要回收再生。

六、作业与思考

(1)血清清蛋白纯化过程中应注意哪些方面?

(2)葡聚糖凝胶层析和 DEAE 纤维素离子交换层析的原理各是什么？两者在实践应用时有什么要求?

实验二十九　大蒜超氧化物歧化酶的提取与分离

一、实验目的与要求

学习和掌握大蒜超氧化物歧化酶的提取与分离的原理与实验方法。

二、实验原理

超氧化物歧化酶(SOD)是一种具有抗氧化、抗衰老、抗辐射和消炎作用的药用酶。它广泛存在于微生物、植物和动物体内，是一种重要的抗氧化剂，能够保护暴露于氧气中的细胞免受损伤。它可催化超氧负离子进行歧化反应，生成氧和过氧化氢，在机体氧化与抗氧化平衡中起着至关重要的作用。

大蒜蒜瓣和悬浮培养的大蒜细胞中含有较丰富的 SOD，通过组织或细胞破碎后，可用 pH 7.8 的磷酸缓冲液提取。由于 SOD 不溶于丙酮，可用丙酮将其沉淀析出。

对于提取分离的大蒜 SOD 分别采用肾上腺素自氧化法和考马斯亮蓝 G-250 染色法

进行酶活性和蛋白质含量变化的监测，评估 SOD 的提取效果和纯度。

肾上腺素自氧化法测定 SOD 活性是基于肾上腺素在碱性条件下会发生自氧化反应，产生超氧自由基，而 SOD 可以清除这些自由基，从而抑制肾上腺素的自氧化反应。通过测定反应体系中肾上腺素的剩余量，可以计算出 SOD 的活性。

考马斯亮蓝 G-250 测定蛋白质含量属于染料结合法的一种。考马斯亮蓝 G-250 在游离态下呈红色，当它在稀酸溶液中与蛋白质的疏水区结合后变为青色，前者最大光吸收在 465 nm 波长处，后者在 595 nm 波长处。在一定蛋白质浓度范围内(0～100 μg/mL)，蛋白质-色素结合物在 595 nm 波长下的吸光度值与蛋白质含量成正比，故可用于蛋白质的定量测定。

三、实验材料、器材与试剂

1. 材料

新鲜蒜瓣。

2. 器材

分析天平，烧杯，玻璃杯，移液器，紫外分光光度计或酶标仪。

3. 试剂

(1)0.05 mol/L 磷酸缓冲液(pH 7.8)。

(2)氯仿-乙醇混合溶液　氯仿：无水乙醇＝3：5(体积比)。

(3)丙酮　用前冷却至 4～10 ℃。

(4)0.05 mol/L 碳酸盐缓冲液(pH 10.2)。

(5)0.1 mol/L EDTA 溶液。

(6)2 mmol/L 肾上腺素液。

(7)0.1 mg/mL 标准蛋白质溶液　以牛血清白蛋白(BSA)配制 0.1 mg/mL 标准溶液。

(8)考马斯亮蓝 G-250 染色液　称取 0.01 g 考马斯亮蓝 G-250，溶于 95%乙醇中，加 10 mL 85%磷酸，用蒸馏水定容至 100 mL。棕色瓶保存。

四、实验操作步骤

1. SOD 的提取与分离

(1)SOD 的提取　称取 5 g 左右大蒜蒜瓣或适量大蒜细胞，置于研磨器中研磨，使组织或细胞破碎。加入 2～3 倍体积的 0.05 mol/L 磷酸缓冲液(pH 7.8)，继续研磨搅拌 20 min，使 SOD 充分溶解到缓冲液中。5 000 r/min 离心 15 min，弃去沉淀，得 SOD 提取液。

(2)除杂蛋白　提取液加入 0.25 倍体积的氯仿-乙醇混合溶液搅拌 15 min，5 000 r/min 离心 15 min，弃去杂蛋白沉淀，得 SOD 粗酶液。

(3)SOD 的沉淀分离　将上述粗酶液加入等体积的冷丙酮，搅拌 15 min，5 000 r/min

离心 15 min,得 SOD 沉淀。将沉淀溶于 0.05 mol/L 磷酸缓冲液(pH 7.8)中，于 55～60 ℃热处理 15 min,离心弃去沉淀,得 SOD 酶液。

将上述提取液、粗酶液和酶液分别取样,测定 SOD 活性、蛋白质浓度。

2. SOD 活性测定

取 3 支试管,按表 5-2 操作。

表 5-2　SOD 活性测定

项目	空白管	对照管	样品管
0.05 mol/L 碳酸盐缓冲液(pH 10.2)/mL	5	5	5
0.1 mol/L EDTA 溶液/mL	0.5	0.5	0.5
蒸馏水/mL	1.0	0.5	
样品液/mL			0.5
	混合均匀,30 ℃水浴预热 5 min 至恒温		
2 mmol/L 肾上腺素液/mL		0.5	0.5

30 ℃水浴反应 2 min,立即测定各管在 480 nm 处的吸光度值。对照管与样品管的吸光度值分别为 A 和 B。

实验规定:在上述条件下,SOD 抑制肾上腺素自氧化的 50%所需的酶量定义为一个酶活力单位。即

$$酶活性单位=\frac{2(A-B)N}{A}$$

式中:N 为样品稀释倍数;2 为抑制肾上腺素自氧化 50%的换算系数($\frac{100\%}{50\%}$)。

若以每毫升样品液的单位数表示,则按下式计算:

$$酶活性单位(mL)=\frac{2(A-B)N}{A}\cdot\frac{V}{V_1}=\frac{26(A-B)N}{A}$$

式中:V 为反应液体积(6.5 mL);V_1 为样品液体积(0.5 mL)。

3. 蛋白质浓度的测定

(1)标准曲线的制作　取 6 支试管,按表 5-3 操作

表 5-3　标准曲线的测定

项目	试管					
	0	1	2	3	4	5
0.1 mg/mL 标准蛋白质溶液/mL	0	0.2	0.4	0.6	0.8	1.0
蒸馏水/mL	1	0.8	0.6	0.4	0.2	0
考马斯亮蓝 G-250 染色液/mL	5	5	5	5	5	5

混合均匀，室温静置 5 min 后，以 0 号管溶液调零，于 595 nm 波长处测定 1～5 号试管溶液的吸光度值。以蛋白质含量(mg)为横坐标，以对应吸光度值为纵坐标，绘制标准曲线。

(2)样品测定　取提取液、粗酶液和酶液，按标准曲线方法操作，测定 595 nm 波长处的吸光度值，根据标准曲线，分别计算蛋白质浓度。

4. 提取与分离的效果评估

根据所得结果计算出提取液、粗酶液和酶液蛋白质浓度、总蛋白、酶活力、总活力、比活力、纯化倍数、回收率(表 5-4)。

根据国际酶学委员会的规定，比活力用每毫克蛋白质所含的酶活力单位数表示。对于同一种酶来说，比活力越大，酶的纯度越高。利用比活力的大小可以用来比较酶制剂中单位质量蛋白质的催化能力，是表示酶的纯度高低的一个重要指标。

$\text{纯化倍数}=\dfrac{\text{每次比活力}}{\text{第一次比活力}}$，表示分离纯化过程中纯度提高的倍数，分离纯化倍数越大，表示该方法纯化效果越好。

$\text{回收率}(\%)=\dfrac{\text{每次总活力}}{\text{第一次总活力}}\times 100$，表示分离纯化过程中酶损失程度的大小，回收率越高，损失越小。

表 5-4　测定结果

样品	体积/mL	蛋白质浓度/(mg/mL)	总蛋白/mg	总活力/(U/mL)	总活力/U	比活力/(U/mg)	纯化倍数	回收率/%
提取液								
粗酶液								
酶液								

五、实验注意事项

(1)酶液提取时，为了尽可能保持酶的活性，尽可能在冰浴中研磨，在低温中离心。

(2)整个实验过程注意各步骤之间的衔接，做好数据的收集和记录。

(3)蛋白质浓度的测定时，蛋白质-染料复合物会有少部分吸附在比色皿杯壁上，可用乙醇溶液清洗。

六、作业与思考

(1)为了提高超氧化物歧化酶提取与分离的效果，关键步骤有哪些？应注意哪些操作要点？

(2)对于酶的提取、分离、纯化操作，可以通过哪些途径来评价其效果？

实验三十 正交试验设计分析酶促反应的影响因素

一、实验目的与要求

了解正交试验设计分析的基本原理，掌握正交试验设计的使用方法，熟练运用正交法测定多种因素对酶活力的影响。

二、实验原理

酶的催化作用是在一定条件下进行的，并且受到多种因素的影响。酶浓度、底物浓度、温度、pH、抑制剂和激活剂等都能影响酶催化的反应速度。通常在其他因素恒定的条件下，通过测定某一因素在一系列变化条件下的酶活性来求得该因素的影响。

为了研究某一特定因素对酶活性的影响，通常在其他因素保持不变的情况下，通过改变该因素的条件，然后测定在不同条件下的酶活性，以此来评估该因素在一系列变化条件下对酶活性的影响。这是单因素的试验方法。

对于多因素的试验可以通过正交试验设计法来完成。正交试验设计法，也称为正交试验设计（简称正交法），是一种利用正交表来安排多因子试验的数理统计方法，符合“以尽量少的试验，获得足够的、有效的信息”的实验设计原则。正交法具有试验次数少、效果好、方法简单、使用方便、效率高的特点，借助正交表，简化表格计算，正确分析结果，找到实验的最佳条件，分清因素的主次，从而通过比较少的实验次数达到较好的实验效果。

本实验运用正交法测定底物浓度、酶浓度、温度、pH 这 4 个因素对酶活性的影响，并求得在什么样的底物浓度、酶浓度、温度和 pH 时酶的活性最大。

三、实验材料、器材与试剂

1. 材料

酵母。

2. 器材

高速冷冻离心机，分光光度计，恒温水浴锅，酸度计，烧杯，刻度吸管，量筒，研钵，试管和试管架，玻璃棒，洗耳球。

3. 试剂

(1)石英砂。

(2)乙酸。

(3)乙醇。

(4)5%蔗糖溶液。

(5)3,5-二硝基水杨酸(DNS)试剂。

(6)0.2 mol/L 乙酸-乙酸钠缓冲液,pH 分别为 3.6、4.6 和 5.6。

四、实验操作步骤

1. 蔗糖酶的提取与初步纯化

称取 5 g 酵母,加入 10 mL 蒸馏水,室温浸泡 3 h。加少量石英砂冰浴研磨,边研磨边缓慢加入预冷蒸馏水 10 mL。于 4 ℃下以 8 000 r/min 离心 15 min,上清液即为蔗糖酶提取液。

将 1 mol/L 乙酸溶液小心、缓慢地加入蔗糖酶提取液,然后调 pH 至 4.5。置于 50 ℃恒温水浴 30 min,并不时摇动。于 4 ℃下 8 000 r/min 离心 15 min,取上清液冰浴加入等体积预冷乙醇,注意边加边搅拌。冰浴 10 min 后,于 4 ℃下 8 000 r/min 离心 15 min。沉淀即为初步纯化的蔗糖酶,加入 10 mL 蒸馏水复溶备用。

2. 正交实验设计

(1)确定试验因素和水平　本实验以蔗糖酶活力(用 $A_{520\ nm}$ 吸光度值表示)为指标,考察 4 个因素,即底物浓度[S]、酶浓度[E]、温度、pH。每个因素选 3 个水平(水平即在因素的允许变化范围内,要进行试验的"点")。

试验因素和选用水平如表 5-5 所示。

表 5-5　正交试验因素水平表

水平	因素			
	底物浓度[S]/mL	酶浓度[E]/mL	温度/℃	pH
1	0.2	0.2	20	3.6
2	0.5	0.5	35	4.6
3	0.8	0.8	50	5.6

(2)选择正交表　可容纳三因素三水平的正交表有 $L_9(3^4)$、$L_{27}(3^{13})$、$L_{18}(3^6\times6)$和 $L_{27}(3^8\times9)$。本试验不考察各因素间的交互作用,也未设计混合水平,只有水平数均为 3 的 4 个因素,故选用 $L_9(3^4)$表(表 5-6),其中,L 表示正交表,9 是试验的总次数,3 是每个因素的水平数,4 是因素的个数。

表 5-6　正交表 $L_9(3^4)$

试验号	因素			
	底物浓度[S]/mL	酶浓度[E]/mL	温度/℃	pH
1	1	1	1	1
2	1	2	2	2
3	1	3	3	3

续表 5-6

试验号	因素			
	底物浓度[S]/mL	酶浓度[E]/mL	温度/℃	pH
4	2	1	2	3
5	2	2	3	1
6	2	3	1	2
7	3	1	3	2
8	3	2	1	3
9	3	3	2	1

正交表 $L_9(3^4)$ 具有如下特点：①每列中不同数字出现的次数相等，确保了每个因素的每个水平与其他因素的每个水平参与试验的概率是完全相同的；②任意两列中数字对出现的次数相等，保证了试验点均匀地分散在因素与水平的完全组合之中。由于上述两个特点，$L_9(3^4)$ 试验设计具有高度的均衡性和代表性。

(3)测定 根据酶活力测定预实验，确定蔗糖酶液的稀释倍数，$A_{520\ nm}$ 在 0.4～1.5 即可。

取 9 支洁净试管，按照表 5-7 进行测定操作。

表 5-7 试验测定安排表

项目	试管								
	1	2	3	4	5	6	7	8	9
5%蔗糖溶液/mL	0.2	0.2	0.2	0.5	0.5	0.5	0.8	0.8	0.8
0.2 mol/L 乙酸-乙酸钠缓冲液/mL	1.0 mL pH 3.6	1.0 mL pH 4.6	1.0 mL pH 5.6	1.0 mL pH 5.6	1.0mL pH 3.6	1.0 mL pH 4.6	1.0 mL pH 4.6	1.0 mL pH 5.6	1.0 mL pH 3.6
蒸馏水/mL	1.6	1.3	1.0	1.3	1.0	0.7	1.0	0.7	0.4
预温/℃	20	35	50	35	50	20	50	20	35
	预温 5 min								
稀释蔗糖酶液/mL	0.2	0.5	0.8	0.2	0.5	0.8	0.2	0.5	0.8
反应温度/℃	20	35	50	35	50	20	50	20	35
	反应 10 min								
3,5-二硝基水杨酸(DNS)试剂/mL	1	1	1	1	1	1	1	1	1
	沸水浴 5 min								
蒸馏水/mL	5	5	5	5	5	5	5	5	5

另取洁净试管 1 支作为空白管(非酶对照),即加 0.5 mL 5% 蔗糖溶液、1.0 mL 0.2 mol/L 乙酸-乙酸钠缓冲液(pH 4.6)、1 mL 蒸馏水,再加入 1 mL 3,5-二硝基水杨酸(DNS)试剂,混合均匀后,加入 0.5 mL 稀释蔗糖酶液,室温反应 10 min,沸水浴 5 min 后,再加入 5 mL 蒸馏水。

以空白管溶液为 0 号管,于分光光度计上测定 1~9 号试管溶液 520 nm 处吸光度值。

(4)数据记录与分析　根据实验结果,将数据填入表 5-8,并进行整理和分析。

表 5-8　正交法数据记录表

试验号	因素				实验结果 $A_{520\ nm}$
	底物浓度[S]/mL	酶浓度[E]/mL	温度/℃	pH	
1	1　0.2	1　0.2	1　20	1　3.6	
2	1　0.2	2　0.5	2　35	2　4.6	
3	1　0.2	3　0.8	3　50	3　5.6	
4	2　0.5	1　0.2	2　35	3　5.6	
5	2　0.5	2　0.5	3　50	1　3.6	
6	2　0.5	3　0.8	1　20	2　4.6	
7	3　0.8	1　0.2	3　50	2　4.6	
8	3　0.8	2　0.5	1　20	3　5.6	
9	3　0.8	3　0.8	2　35	1　3.6	
K_1(一水平实验结果总和)					
K_2(二水平实验结果总和)					
K_3(三水平实验结果总和)					
$K_1/3$					
$K_2/3$					
$K_3/3$					
极差 R					

本实验选用极差分析方法进行数据处理。极差是指各列中各水平对应的实验指标平均值的最大值与最小值之差,它反映了数据的离散程度,即变量分布的变异范围和离散幅度。从极差的大小可以判断对酶活力影响最大及最小的因素。

数据分析时,先计算出正交实验中各个因素在不同水平下的指标总和,即第 1、2、3、4 列上的 K_1、K_2、K_3,并求出 K_1、K_2、K_3 平均值,以及 K 的 R 值(极差)。然后,根据 R 值(极差)的大小,排出因素显著性的顺序,并比较 K 值选出优水平组合(即好的实验条件)。极差的大小反映了实验中各因素影响的大小,极差大表明该因素的影响大,是主要因素,相反,极差小,表明该因素的作用不大,是次要因素。因此,通过比较各个因素的极差大小,可以决定因素的主次顺序。

由上述数据分析，讨论在本实验条件下，底物浓度、酶浓度、温度、pH 对蔗糖酶活性的影响，找出酶活力最高的最佳反应条件，以及对酶反应影响最大和最小的因素。

五、实验注意事项

(1)蔗糖酶提取时研磨时间长、加水量少，有利于酵母细胞的破碎和提高蔗糖酶的得率。

(2)通过预实验，判断实验设计各因素的水平范围是否选偏。

(3)对于一般的实验，可用极差分析，该分析方法简单、直观。对要求精细的实验，则要用方差分析，该方法可给出误差的大小范围，但有一定的计算量。对于有混合水平的正交实验，只能用方差分析。

六、作业与思考

(1)与单因素的试验方法相比，正交试验设计法有何优缺点？

(2)根据实验，说明正交试验设计实验方案时应遵循什么原则？

实验三十一 DNA 的提取、含量测定与电泳鉴定

一、实验目的与要求

学习和掌握动物组织 DNA 提取、含量测定与电泳鉴定的一般原理和方法。

二、实验原理

DNA 是所有生物体的基本组成物质。细胞中的 DNA 和 RNA 分别与蛋白质相结合，形成脱氧核糖核蛋白及核糖核蛋白。在细胞破碎后，这两种核蛋白将混杂在一起，因此，制备 DNA 要先将这两种核蛋白分开。两种核蛋白在不同浓度的盐溶液中具有不同的溶解度。在 1 mol/L 氯化钠溶液中，脱氧核糖核蛋白溶解度很大，但核糖核蛋白溶解度很小；在低浓度 0.14 mol/L 氯化钠溶液中，脱氧核糖核蛋白溶解度明显降低，但核糖核蛋白溶解度很大。因此，实验可根据这一特性，利用不同浓度的氯化钠溶液，将脱氧核糖核蛋白和核糖核蛋白从样品中分别抽提出来。

分离得到的脱氧核糖核蛋白，用十二烷基硫酸钠(SDS)使蛋白质成分变性，让 DNA 游离出来，再用含有异戊醇的氯仿沉淀除去变性蛋白质。根据核酸只溶于水而不溶于有机溶剂的特点，加入 95%的乙醇即可从除去蛋白质的溶液中把 DNA 沉淀出来，获得产品。

DNA 分子中的脱氧核糖基，在酸性溶液中变成 ω-羟基-γ-酮基戊醛，与二苯胺试剂作用生成蓝色化合物($\lambda_{max}=595$ nm)。当 DNA 浓度为 20～200 μg/mL 时，吸光度值与 DNA 浓度成正比。二苯胺法可用于 DNA 的定量测定。

琼脂糖凝胶电泳是一种常用的电泳方法，以琼脂糖作为支持物，借助电场驱动 DNA 或 RNA 在凝胶内移动，达到分离、鉴定 DNA 和 RNA 分子混合物的目的。DNA 分子在琼脂糖凝胶中的泳动受到两种主要效应的影响：电荷效应和分子筛效应。电荷效应指的是 DNA 分子在高于其等电点的 pH 溶液中带负电荷，因此在电场中向正极移动。由于糖-磷酸骨架在结构上的重复性质，相同数量的双链 DNA 几乎具有等量的净电荷，因此它们能以同样的速度向正极方向移动。分子筛效应则是指 DNA 分子的迁移速度与其相对分子质量的对数值成反比。因此，在一定的电场强度下，DNA 分子的泳动速度不仅取决于其所带电荷的性质和数量，还取决于它们的相对分子质量和分子构型。此外，还受到电流强度、缓冲液离子强度等的影响。

观察琼脂糖凝胶中 DNA 最常用的方法是利用荧光染料溴化乙锭进行染色。溴化乙锭(EB)是一种高度灵敏的荧光染色剂，用于观察琼脂糖凝胶中的 DNA 分子。溴化乙锭可嵌入核酸双链的碱基对之间，在紫外线激发下发出红色荧光，便于 DNA 的检测。

本实验选用新鲜猪肝为材料，用浓盐法提取 DNA，以二苯胺法对提取的 DNA 进行含量测定，并用琼脂糖凝胶电泳进行分析鉴定。

三、实验材料、器材与试剂

1. 材料

新鲜猪肝。

2. 器材

分光光度计，恒温水浴锅，匀浆器，微波炉，水平式电泳槽，紫外检测仪，稳压电泳仪，水平仪，摄影设备，移液器，刻度吸管，量筒，离心机和离心管，试管和试管架，Eppendorf 管，锥形瓶，滴管，一次性手套，烧杯。

3. 试剂

(1)0.1 mol/L 氯化钠-0.05 mol/L 柠檬酸三钠溶液(pH 6.8)。

(2)氯仿-异戊醇混合液　氯仿：异戊醇=20：1(体积比)。

(3)5%SDS 溶液　称取 5 g SDS 溶于 100 mL 水中。

(4)95%乙醇。

(5)0.015 mol/L 氯化钠-0.001 5 mol/L 柠檬酸三钠溶液。

(6)氯化钠。

(7)200 μg/mL 标准 DNA 溶液　取 DNA 钠盐，用 5 mmol/L 氧化钠配成 200 μg/mL DNA 标准溶液。

(8)二苯胺试剂　称取 1 g 纯二苯胺(如不纯，需在 70%乙醇中重结晶 2 次)溶于 100 mL 分析纯的冰乙酸中，再加入 10 mL 过氯酸(分析纯，60%以上)，混匀待用。当所用药品纯净时，配得试剂应为无色，临用前加入 1 mL 1.6%乙醛溶液。贮于棕色瓶中。最好临用前配制。

(9)琼脂糖。

(10)5×TBE 缓冲液　每 1 000 mL 含 54 g Tris，27.5 g 硼酸，20 mL 0.5 mol/L EDTA(pH 8.0)。

(11)凝胶加样缓冲液　称取 200 mg 溴酚蓝，加 10 mL 重蒸水，在室温下过夜，待溶解后再称取 50 g 蔗糖，加重蒸水溶解后移入溴酚蓝溶液中，摇匀后加重蒸水定容至 100 mL，加 10 mol/L 氢氧化钠 1～2 滴，调至蓝色。

(12)溴化乙锭(EB)溶液　戴手套谨慎称取溴化乙锭(相对分子质量 394.33)约 200 mg 于棕色试剂瓶内，按 10 mg/mL 的浓度加重蒸水配制，溶解后，瓶外面用锡纸包好，并贮于 4 ℃冰箱，备用。戴手套取 10 mg/mL EB 溶液 10 mL 于棕色试剂瓶内，外面用锡纸包好，加入 90 mL 重蒸水，轻轻摇匀，得 1 mg/mL 溴化乙锭(EB)溶液，置于 4 ℃冰箱备用。

(13)DNA 相对分子质量标准品(marker)。

四、实验操作步骤

1. 动物组织中 DNA 的提取

称取 8 g 新鲜猪肝，用预冷的 0.1 mol/L 氯化钠-0.05 mol/L 柠檬酸三钠缓冲液冲洗除去血污，于冰浴上剪成碎末后，用匀浆器磨碎(冰浴)。加入相当于 2 倍肝重的 0.1 mol/L 氯化钠-0.05 mol/L 柠檬酸三钠缓冲液，研磨 3 次。匀浆物在 4 000 r/min 离心 10 min。沉淀中加入 25 mL 0.1 mol/L 氯化钠-0.05 mol/L 柠檬酸三钠缓冲液，4 000 r/min 离心 20 min，取沉淀。

在上述沉淀中加入 40 mL 0.1 mol/L 氯化钠-0.05 mol/L 柠檬酸三钠缓冲液、20 mL 氯仿-异戊醇混合液、4 mL 5%SDS 使其终浓度为 0.41%，振摇 30 min。缓慢加固体氯化钠，使其终浓度为 1 mol/L(约 3.6 g)，并确保氯化钠全部溶解。3 500 r/min 离心 20 min，取上清液水相。

在上述上清液水相溶液中加入等体积预冷的 95%乙醇，边加边用玻璃棒慢慢搅动。缠绕在玻璃棒上的凝胶状物用滤纸吸去多余的乙醇，即得 DNA 粗品。

将上述所得的 DNA 粗品置于 20 mL 0.015 mol/L 氯化钠-0.001 5 mol/L 柠檬酸三钠溶液中，加入 1 倍体积的氯仿-异戊醇混合液，振摇 10 min，4 000 r/min 离心 10 min。取上清液加入 1.5 倍体积 95%乙醇，DNA 即沉淀析出。4 000 r/min 离心 10 min，取沉淀(粗 DNA)按本操作步骤重复一次。取沉淀，用无水乙醇洗涤 2 次，置于真空干燥器内干燥，即得白色纤维状 DNA 钠盐。称取质量，计算产率。

2. DNA 的定量测定

(1)标准曲线的制作　取试管 6 支，按表 5-9 加入各种试剂。

表 5-9　DNA 标准曲线的测定

项目	试管					
	0	1	2	3	4	5
200 μg/mL 标准 DNA 溶液/mL	0.0	0.4	0.8	1.2	1.6	2.0

续表 5-9

项目	试管					
	0	1	2	3	4	5
蒸馏水/mL	2.0	1.6	1.2	0.8	0.4	0
二苯胺试剂/mL	4.0	4.0	4.0	4.0	4.0	4.0

充分混匀，于 60 ℃恒温水浴保温 45 min，冷却后，在 595 nm 波长下，用分光光度计比色测定，以吸光度值对 DNA 浓度作图，制作标准曲线。

(2)样品的测定　取 DNA 粗品用蒸馏水溶解，定容至 50 mL，控制其 DNA 含量在 100 μg/mL 左右。

吸取 DNA 样品溶液 1.0 mL，加入蒸馏水 1.0 mL，混匀。准确加入二苯胺试剂 4.0 mL，混匀，于 60 ℃恒温水浴保温 45 min，冷却，于 595 nm 比色测定。根据所测得的吸光度值对照标准曲线，求得 DNA 的质量(μg)。

(3)计算 DNA 含量　按照下列公式计算 DNA 含量。

$$\text{DNA 的质量分数}(\%)=\frac{\text{样品溶液中测得的 DNA 的质量}(\mu g)}{\text{样品溶液中所含样品的质量}(\mu g)}\times 100$$

3. DNA 的琼脂糖凝胶电泳

(1)琼脂糖凝胶的制备　称取 0.28 g 琼脂糖，加入 35 mL 1×TBE 缓冲液，加热至琼脂糖完全溶化，混合均匀，琼脂糖的浓度为 0.8%。待琼脂糖凝胶溶液冷却至 50 ℃时，加入溴化乙锭溶液，使其终浓度为 0.5 μg/mL。

(2)凝胶板的制备　取电泳设备的有机玻璃内槽，洗净晾干。将有机玻璃内槽放置于一水平位置，并放好样品梳子。

将已经冷到 50 ℃左右的琼脂糖凝胶，缓缓倒入有机玻璃内槽，直至有机玻璃板上形成一层均匀、厚度适宜、无气泡的胶面。

待凝胶凝固后，小心取出梳子，放入电泳槽内，加入 TBE 电泳缓冲液，使液面略高出凝胶面。

(3)加样　待测动物组织 DNA 中加 1/5 体积的凝胶加样缓冲液，混匀后用移液器将其加入加样孔(梳孔)内。同时加入 DNA marker 作为对照。记录样品点样次序与点样量。

(4)电泳　接通电泳槽与电泳仪的电源。注意电极的负极在点样孔一边，DNA 片段从负极向正极移动。DNA 的迁移速度与电压成正比，最高电压不超过 5 V/cm。当溴酚蓝染料移动到距凝胶前沿 1～2 cm 处，停止电泳。

(5)观察　小心地取出凝胶，用水轻轻冲洗凝胶表面的溴化乙锭溶液，将凝胶放在紫外灯观察台上，在波长 254 nm 紫外灯下进行观察。DNA 存在处显示出肉眼可辨的橘红色荧光条带。

五、实验注意事项

(1)DNA 提取过程应在较低温度下进行。

(2)DNA 提取过程中防止过酸、过碱,避免剧烈搅拌及其他引起核酸降解的因素。

(3)DNA 含量测定时加样量要准确。

(4)溴化乙锭(EB)是强诱变剂并有中等毒性,配制和使用时都应戴手套,并且不要把 EB 洒到桌面或地面上。凡是沾染了 EB 的容器或物品必须经专门处理后才能清洗或丢弃。

(5)琼脂糖凝胶电泳加样量的多少取决于加样槽的最大容积。

六、作业与思考

(1)从动物组织提取 DNA,可以采取哪些措施以防止核酸酶的作用?

(2)对于 DNA 制品可以采用什么方法进行含量测定?说明其工作原理。

(3)琼脂糖凝胶电泳鉴定 DNA 有哪些关键操作步骤?

实验三十二 外源基因在大肠杆菌中的诱导表达与 SDS-PAGE 检测

一、实验目的与要求

了解外源基因在原核细胞中表达的特点和方法,学习、掌握外源基因在大肠杆菌中的诱导表达与 SDS-PAGE 检测的原理和方法。

二、实验原理

外源基因被克隆在含有 lac 启动子的表达载体中。lac 启动子是一种受乳糖操纵子调控的启动子,它能够在特定条件下启动外源基因的转录和表达。在宿主菌中,*lacI* 基因编码的阻遏蛋白会与 lac 操纵基因结合,从而阻止外源基因的转录和表达,使得宿主菌能够正常生长。当向培养基中加入 lac 操纵子的诱导物异丙基硫代-β-D-半乳糖(IPTG)后,IPTG 能够与阻遏蛋白结合,而使其不能与 lac 操纵基因结合,解除对 lac 启动子的抑制作用,则外源基因大量转录并高效表达。

目的基因被克隆和表达后,通过检测其特异性表达产物(一般是蛋白质或酶以及多肽)来验证其功能。表达蛋白可以通过 SDS-PAGE 检测,初步判断目的基因是否已经整合插入宿主的染色体中并表达。蛋白质与 SDS 结合后均带有负电荷,在电场作用下按相对分子质量大小在凝胶板上显现。

三、实验材料、器材与试剂

1. 材料

BL21 菌。

2. 器材

超净工作台，高压灭菌锅，恒温摇床，分光光度计，恒温培养箱，蛋白质电泳系统，台式高速离心机，微量取液器，恒温水浴锅，脱色摇床，凝胶成像系统，颗粒制冰机，灭菌 Eppendorf 管，灭菌 Tip 头，培养皿，烧杯，锥形瓶，液体培养细菌的 25 mL 试管，接种针，一次性塑料手套。

3. 试剂

(1)LB 液体培养基。

(2)Amp(氨苄青霉素)。

(3)1 mol/L IPTG。

(4)1.5 mol/L Tris-HCl(pH=8.8)　称取 90.85 g Tris 用纯化水溶解，加浓盐酸调 pH=8.8，纯化水定容至 500 mL。

(5)1 mol/L Tris-HCl(pH=6.8)　称取 24.22 g Tris 用纯化水溶解，加浓盐酸调节 pH=6.8，纯化水定容至 200 mL。

(6)10% SDS　称取 10 g SDS，加纯化水溶解定容至 100 mL。

(7)30%Acr/Bis 溶液　称取 29.2 g Acr 和 0.8 g Bis，重蒸馏水溶解定容至 100 mL，过滤，4 ℃保存。

(8)10%过硫酸铵(AP)　称取 10 g 过硫酸铵，加纯化水定容至 100 mL。

(9)2×上样缓冲液　含 2 mL 0.5 mol/L Tris-HCl(pH 6.8)，2 mL 甘油，2 mL 20% SDS，0.5 mL 0.1%溴酚蓝，1 mL β-巯基乙醇，1%琼脂(用蒸馏水或电极缓冲液配制)，2.5 mL 重蒸馏水。

(10)5×电泳缓冲液　称取 15.1 g Tris，94 g 甘氨酸，5 g SDS，加纯化水溶解后定容至 1 000 mL，使用前 5 倍稀释。

(11)蛋白质染色液　称取 0.5 g 考马斯亮蓝 R-250，加入甲醇 150 mL，冰乙酸 50 mL，研磨溶解，滤纸过滤后，加纯化水定容至 500 mL。

(12)脱色液　取冰乙酸 100 mL，甲醇 300 mL，加纯化水定容至 1 000 mL。

(13)TEMED。

(14)蛋白质 marker。

四、实验操作步骤

1. 外源蛋白的诱导表达

(1)转化与培养　将含有外源基因的表达质粒转化到培养良好的 BL21 菌中。挑取单菌落于 5 mL LB 液体培养基(含 50 μg/mL Amp)中，于 37 ℃ 250 r/min 条件下预培养过夜(注意取菌株要在超净工作台上操作,一定要无菌)。以 1.5% 的比例转接于 10 mL LB 液体培养基(含 50 μg/mL Amp)中,于 37 ℃ 250 r/min 培养 3 h,测定 $A_{600\ nm}$ 达到 0.6～0.8。

(2)诱导表达 加入 5 μL 1 mol/L IPTG,使最终浓度为 0.5 mmol/L,于 37 ℃ 250 r/min 培养,进行外源基因诱导表达。未用 IPTG 诱导的设置为阴性对照。

经 4～5 h 取出(培养时间需视蛋白质表达情况而定),4 ℃下 4 000 r/min 离心 10 min,收获沉淀的菌体,弃去上清液,菌体置于－20 ℃保存备用。

2. 表达蛋白的 SDS-PAGE 检测

(1)样品制备 取制备的菌体,加入 25 μL 重蒸馏水,再加入 25 μL 2×上样缓冲液,混匀,100 ℃沸水浴 5 min,取出后立即置于冰浴上待电泳进样。

(2)制备 SDS-聚丙烯酰胺凝胶 根据所表达蛋白的相对分子质量大小,确定凝胶的浓度。准备电泳槽,按照表 5-10 配制分离胶。

表 5-10 分离胶的配方表

项目	凝胶浓度/%					
	7.5	10	12	15	18	20
重蒸水/mL	9.6	8.1	6.7	4.7	2.7	1.5
1.5 mol/L Tris-HCl(pH 8.8)/mL	5	5	5	5	5	5
10%SDS/μL	200	200	200	200	200	200
30%Acr/Bis 溶液/mL	5	6.65	8	10	12	13.2
10%过硫酸铵/μL	100	100	100	100	100	100
TEMED/μL	10	10	10	10	10	10
总体积/mL	20	20	20	20	20	20

小心灌胶,注意不要产生气泡,并给浓缩胶留出约 2 cm 的空间。用水封胶。

待聚合完全(约需 30 min)后,倒掉凝胶上层的水,并用滤纸仔细将剩余的水吸干。配制浓缩胶:取 6.1 mL 重蒸水、2.5 mL 0.5 mol/L Tris-HCl(pH 6.8)、100 μL 10% SDS、1.3 mL 30%Acr/Bis 溶液、10 μL TEMED、50 μL 10%过硫酸铵,总体积 10 mL。迅速混匀加在分离胶上,并立即插入梳子。待凝胶聚合完全后(约需 30 min),用 100 μL 微量注射器抽取电极缓冲液冲洗梳子拔出后的加样凹槽底部,清除未凝的丙烯酰胺。

(3)加样与电泳 加入电泳缓冲液,在凝胶上按一定顺序加样。

打开电泳仪开关,80 V 电压电泳 30 min。待样品中的溴酚蓝指示剂压缩成一条直线且到达分离胶后,调节恒压 150 V,至溴酚蓝指示剂迁移到凝胶前沿时关闭电源,停止电泳。

(4)染色与脱色 从电泳槽中取出胶板,割胶,移去浓缩胶,考马斯亮蓝蛋白质染色液染色(可置于脱色摇床上 37 ℃染色 2 h 或者室温染色过夜)。

染色结束后,将凝胶转移至脱色液中,摇床上脱色过夜,脱色至蛋白质条带清晰、无背景色为止。

(5)结果观察　将显示蛋白质条带的凝胶拍照,采用凝胶成像系统软件进行分析。

五、实验注意事项

(1)实验者需要根据特定的研究目的和系统要求,选择合适的表达载体。

(2)实验中 $A_{600\ nm}$ 的值要视不同菌株中不同外源蛋白质的表达情况而定,需根据预实验确定。

(3)表达和检测时,应合理设置对照组。

(4)由于大肠杆菌缺乏真核生物的翻译后加工机制,可能影响在大肠杆菌中表达的重组蛋白质生物学活性和构象。

(5)丙烯酰胺和 N,N′-亚甲基双丙烯酰胺具有神经毒性,要注意安全、规范操作。

六、作业与思考

(1)IPTG 诱导外源基因表达的原理是什么?诱导表达的时间是否越长越好?为什么?

(2)若诱导后发现目标蛋白质未能表达的情况,应该采取什么措施?

第六章　设计性实验

实验三十三　毛发的水解、鉴定和胱氨酸制备

一、实验目的与要求

通过设计一定的实验方案，了解蛋白质的水解性质，掌握胱氨酸的制备方法，学习和掌握鉴定胱氨酸纯度的方法。

二、实验背景简介

蛋白质是由各种氨基酸组成的，在酸性、碱性、酶等条件下可以发生水解。蛋白质的水解中间过程，可以生成多肽，但水解的最终产物都是氨基酸。在一定条件下，水解蛋白质生成各种不同的氨基酸的混合液，再经过进一步的提取、精制，即可得到所需的氨基酸。根据不同的目的从蛋白质水解液中分离氨基酸时，可以结合氨基酸的性质，分别采用等电点沉淀法、有机溶剂沉淀法、离子交换层析等方法。

胱氨酸(cystine)是由两个半胱氨酸通过其侧链巯基氧化成二硫键后形成的产物，是一种含硫氨基酸，溶于稀酸和碱性溶液，极微溶于水，不溶于乙醇、乙醚、苯和氯仿。胱氨酸等电点为5.05。胱氨酸在蛋白质中含量少，在头发等的角蛋白中含量较高。

胱氨酸在生物化学、营养学、食品工业等研究中有着重要价值。

三、实验思路提示

1. 需要解决的问题

(1)水解方法的选择和基本实验操作。

(2)根据胱氨酸性质，选择确定毛发胱氨酸制备的基本工艺流程。

(3)胱氨酸鉴定方法的选择和操作实践。

2. 实验设计环节

(1)明确实验室条件　实验室提供水解、过滤、干燥、纸层析鉴定、比色测定等必备的实验器材和实验试剂。

(2)选择实验材料　为了制备某种氨基酸，最好选择此种氨基酸含量较丰富的蛋白质为原料。在角蛋白中胱氨酸含量较高，人发中约含 12%，羊毛中约含 14.3%，猪毛中约含 14.4%。因此常以毛发为原料制备胱氨酸。

(3)构思实验方案

①水解工艺：结合胱氨酸的理化性质，以适当浓度盐酸溶液水解毛发原料，研究水解时间、反应温度、盐酸浓度、盐酸用量等反应条件对水解的影响，筛选优化水解工艺。实验可采用双缩脲反应检查蛋白质的水解是否完全。

②胱氨酸的制备：用碱液调节水解溶液的 pH 至胱氨酸的等电点，利用等电点沉淀法将胱氨酸从蛋白质水解液中沉淀出来，得到胱氨酸粗品。后可经酸溶、脱色、中和等步骤，过滤得到胱氨酸白色晶体。

③胱氨酸纯度的鉴定：根据胱氨酸的性质，可通过熔点测定法、纸层析法、磷钨酸比色法等方法进行胱氨酸纯度的鉴定。

四、实验要求

(1)广泛查阅文献和资料，了解实验项目目前的研究状态。

(2)提交实验可行性报告，包括：

①实验原理。

②实验材料选择的依据。

③实验操作步骤的设计及其依据。

④实验器材的选择及使用方法。

⑤实验试剂的准备及配制方法。

⑥实验主要注意事项。

⑦预期实验结果。

(3)经实验指导老师确认实验设计的可行性后，分小组自行准备实验仪器设备，提前准备和预处理实验材料，配制相关试剂。

(4)独立完成实验操作。

(5)撰写实验报告，内容包括：

①实验题目、组员姓名、班级、指导老师姓名等。

②实验原理。

③实验材料与方法。

④实验结果与分析：水解时间、反应温度、盐酸浓度、盐酸用量等反应条件对毛发水解生成胱氨酸的影响，讨论并确定最佳实验设计方案。

⑤问题与讨论：影响毛发中胱氨酸提取得率的主要因素是什么？可使用哪些方法进行胱氨酸粗品的脱色？用于鉴定胱氨酸纯度方法的原理有何不同？

⑥参考资料。

实验三十四　外界因素对酶活性的影响

一、实验目的与要求

通过设计一定的实验方案，加深对酶特性的认识，分析研究 pH、温度、酶浓度、抑制剂和激活剂等各种外界因素对酶活性的影响。

二、实验背景简介

绝大多数酶的化学本质是蛋白质。因此，酶极易受外界条件的影响而改变它的构象及性质，从而影响到它的催化活性。酶对 pH、温度、酶浓度及某些离子浓度等变化很敏感。

酶的催化活性与环境 pH 有密切关系。通常各种酶只在一定 pH 范围内才有活性。酶活性最高时的 pH 称为酶的最适 pH。高于或低于酶的最适 pH 时，酶的活性逐渐降低。酶的最适 pH 不是酶的特征性物理常数，但受到酶的纯度、底物的种类和浓度、缓冲液的种类和浓度以及环境温度等条件的影响。

酶作为生物催化剂与一般催化剂一样表现出温度效应。反应速度达到最大反应速度时的温度称为某种酶的最适温度。高于或低于酶的最适温度，酶的活性都将降低。一般而言，过高的温度会使酶活性永久地丧失，而较低的温度能降低或抑制酶活性，但不能使酶失活。

酶浓度的高低也影响酶促反应速度。在其他条件不变的情况下，当底物浓度足够大时，增加酶浓度，反应速度随之增加，两者间成正比关系，即 $V=k[E]$。但当反应底物浓度较低，而且酶的浓度足够高时，增加酶浓度，反应速度基本保持不变。

酶的活性受到激活剂和抑制剂的影响。能使酶的活性增加的，称为酶的激活剂；能使酶的活性降低的，称为酶的抑制剂。不同的酶对不同的外界物质具有不同的效应，一种酶的激活剂对另一种酶而言则可能是抑制剂；当激活剂的浓度超过一定的范围时，它就可能成为抑制剂。例如对唾液淀粉酶而言，低浓度 Cl^- 可以增加酶活性，高浓度 Cl^- 或者低浓度的 Cu^{2+} 则会抑制酶的活性，而低浓度的 Na^+、SO_4^{2-} 等对酶活性没有影响。

三、实验思路提示

1. 需要解决的问题

(1)从生物组织中分离提取粗酶液的基本操作。

(2)根据酶活力的基本概念和酶活力测定的一般原理，选择设计测定所提取酶液催化活性的适宜方法。

(3)确定酶催化活性测定最适宜条件的研究方案。

2. 实验设计环节

(1)明确实验室条件　实验室提供酶液提取、酶活测定等必备的实验器材和实验试剂。

(2)选择实验材料　选择实验材料时,应考虑酶液提取操作的简单,酶活测定的易行,试剂、器材的常用。例如根据前面的单元性基础实验训练,选择酵母提取蔗糖酶,选择自制唾液淀粉酶等。

(3)构思实验方案

①外界因素对酶活性影响的实验设计:以淀粉酶为例,在控制并统一其他实验条件的情况下,实验研究单一外界因素对酶活性的影响,分别观察和分析 pH、温度、酶浓度、抑制剂和激活剂等对酶活性的影响。实验设计时,注意设置对照实验。可针对酶活性的主要影响因素 pH、温度、酶浓度等设计不同梯度。针对较高要求,可采用正交设计,寻找酶活性达到最佳的实验条件。

②酶活的检测:酶活的检测是实验的关键指标,检测方法应简易、合理、可行。以淀粉酶为例,其酶活性的高低可根据底物即淀粉水解的快慢来判断,用淀粉遇碘液变蓝色检测淀粉酶活性的方法,分析外界因素对酶活性的影响;也可根据产物即还原糖的生成量来表示,用还原糖与 3,5-二硝基水杨酸的颜色反应来检测酶活性,以分析不同外界因素对酶活性的影响。实验中,也可根据实际对经典的酶活检测方法进行筛选和优化,以符合和满足实验的要求。

四、实验要求

(1)广泛查阅文献和资料,了解实验项目目前的研究状态。

(2)提交实验可行性报告,包括:

①实验原理。

②实验材料选择的依据。

③实验操作步骤的设计及其依据。

④实验器材的选择及使用方法。

⑤实验试剂的准备及配制方法。

⑥实验主要注意事项。

⑦预期实验结果。

(3)经实验指导老师确认实验设计的可行性后,分小组自行准备实验仪器设备,提前准备和预处理实验材料,配制相关试剂。

(4)独立完成实验操作。

(5)撰写实验报告,内容包括:

①实验题目、组员姓名、班级、指导老师姓名等。

②实验原理。

③实验材料与方法。

④实验结果与分析:分别绘制 pH、温度、酶浓度、底物浓度等外界因素对酶促反应速度影响的规律图,讨论并确定最佳实验设计方案。

⑤问题与讨论:酶活性测定的一般原理是什么?实验中的外界因素如何影响酶促反应速度?酶的最适 pH 及酶的最适温度是否为酶的固定常数?

⑥参考资料。

实验三十五　小麦萌发前后淀粉酶活力的比较

一、实验目的与要求

学习实验对照材料的准备和科学取样方法，熟悉实验室酶的制备基本操作，根据基本原理自行选择设计一套测定所提取酶液的适宜方法，掌握淀粉酶的活力测定技术，学习如何合理利用定性或定量方法科学比较实验结果，熟悉处理实验数据的要求和方法。

二、实验背景简介

淀粉是植物最主要的贮藏多糖，种子中贮藏的碳水化合物主要以淀粉的形式存在。淀粉酶是水解淀粉中糖苷键的一类酶的总称，属于水解酶，它能使淀粉水解为麦芽糖，催化反应如下：

$$2(C_6H_{10}O_5)_n + nH_2O \longrightarrow nC_{12}H_{22}O_{11}$$

在小麦等休眠种子中的淀粉酶活力很弱。小麦发芽过程中多种酶类活力激增，淀粉、蛋白质、非淀粉多糖等组分都得到良好降解。在萌发过程中，小麦淀粉酶的活力逐渐增强，并随着发芽时间的延长而增加。小麦淀粉酶主要包括 α-淀粉酶、β-淀粉酶和极限糊精酶，其中，小麦 α-淀粉酶活力主要在发芽阶段形成，发芽促进了 α-淀粉酶的快速产生直至达最高值，而小麦中 β-淀粉酶活力随发芽进行缓慢增加直至最大值。

三、实验思路提示

1. 需要解决的问题

(1)实验材料的获取和准备方案。

(2)根据淀粉酶的性质和实验室条件，选择酶的提取方法。

(3)比较并选定小麦萌发前后淀粉酶活力的关键是酶活的检测方法。

2. 实验设计环节

(1)明确实验室条件　实验室提供材料准备、酶液提取、酶活测定等必备的实验器材和实验药品。

(2)选择实验材料　为了比较小麦萌发前后淀粉酶的活力，自行准备小麦萌发前后的实验对照材料，并合理取样，达到相对科学性。

(3)构思实验方案　比较小麦萌发前后淀粉酶活力的关键是酶活的检测方法。淀粉酶能使种子含有的淀粉水解为麦芽糖，而麦芽糖具有还原性，与 3,5-二硝基水杨酸在共热的条件下生成棕色物质，在一定范围内，此棕色物质颜色的深浅程度与还原糖的量成正比，因此可利用比色法定量测定还原糖的量，从而反映淀粉酶活力大小。此外稀碘液遇淀粉显色反应，可辅助用于定性检测淀粉酶活。

为了显示明确的实验结果，除了实验操作的科学性，还需记录具体的实验数据，或有详细的结果描述，数据处理有具体的计算过程。

四、实验要求

(1)广泛查阅文献和资料，了解实验项目目前的研究状态。

(2)提交实验可行性报告，包括：

①实验原理。

②实验材料选择的依据。

③实验操作步骤的设计及其依据。

④实验器材的选择及使用方法。

⑤实验试剂的准备及配制方法。

⑥实验主要注意事项。

⑦预期实验结果。

(3)经实验指导老师确认实验设计的可行性后，分小组自行准备实验仪器设备，提前配制相关试剂、萌发小麦种子。

(4)独立完成实验操作。

(5)撰写实验报告，内容包括：

①实验题目、组员姓名、班级、指导老师姓名等。

②实验原理。

③实验材料与方法。

④实验结果与分析。

⑤问题与讨论：根据本实验结果回答种子萌发时淀粉酶活性发生变化的生理意义。

⑥参考资料。

实验三十六　多糖的提取与分析鉴定

一、实验目的与要求

通过设计一定的实验方案，加深对多糖特性的了解，掌握多糖提取的一般原理和操作方法，了解多糖物质的常规纯化原理和操作技术，掌握多糖物质分析鉴定的常用方法及其工作原理，初步建立从不同组织、细胞中分离提取多糖并进行分析鉴定的研究思路。

二、实验背景简介

多糖(polysaccharide，PS)又称多聚糖，由 10 个以上的单糖分子通过糖苷键聚合而成，其相对分子质量较大，是除了蛋白质和核酸以外的一类重要的生物大分子。多糖在自然界分布极广，高等植物、动物、藻类及菌类内均有存在。多糖既是生物体的贮能物质，也是生物体的结构物质，还参与多种重要的生命活动，具有一系列生物学活性及临床应用的价值。目前研究比较多的是植物多糖和真菌多糖。

多糖的提取通常要根据多糖的存在形式及提取部位的不同决定其提取方法。提取多糖时，一般先用石油醚、乙醚、丙酮等有机溶剂进行预处理，除去脂溶性杂质，然后根据不同的溶解度选择水、稀盐、稀酸、稀碱等溶剂进行提取。近年来，又出现了生物酶辅助提取法、超声提取法、微波提取法等。

提取多糖粗品后，可选择能使蛋白质沉淀而不使多糖沉淀的试剂来处理样品以除去蛋白质，可用纤维素、硅藻土、活性炭等吸附剂对样品脱色，选用传统透析法、纤维滤器透析法等去除小分子杂质。

提取的多糖通常是多糖的混合物。可根据组分性质，采用沉淀法、超滤法、柱层析法、膜分离法等对提取的多糖混合物粗品进行分离纯化。

多糖的含量测定方法较多。实验室多用显色剂-硫酸法，根据单糖、多糖及其衍生物在硫酸作用下水解，脱水生成糖醛衍生物，与酚类、芳胺类等缩合成有色化合物，比色定量，间接求出多糖的含量。咔唑-硫酸法主要用于测定糖醛酸。

多糖纯度鉴定的常用方法有超速离心法、高压电泳法、凝胶层析法、高效液相色谱（HPLC）法等。现在应用较多的是 HPLC 法。旋光度测定也是多糖纯度测定的一种方法。

多糖的相对分子质量分布比较分散，其测定方法包括渗透压法、端基法、黏度法、光散射法、凝胶层析法、沉淀法、凝胶电泳法、HPLC 法、超离心分析法等。目前实验室较常用的方法有凝胶层析法和 HPLC 法。

多糖的单糖组成分析是控制多糖质量和提供多糖基本信息的最重要环节。目前，多糖组分分析方法一般来说可以分为传统的化学分析法（包括纸层析、薄层层析、气相色谱法、液相色谱法、离子色谱法等）、物理分析法（分光光度法、红外光谱法、核磁共振法、气相色谱法、质谱法等）和生物学分析法。

三、实验思路提示

1. 需要解决的问题

（1）从生物组织材料中分离提取多糖的基本操作。

（2）根据多糖性质，选择、优化多糖提取制备的工艺流程。

（3）比较并选定提取多糖的含量测定方法。

（4）根据实验室条件选择确定多糖组成成分分析鉴定的操作方法。

2. 实验设计环节

（1）明确实验室条件　实验室提供多糖提取、测定、电泳、层析系统等必备的实验器材和实验试剂。

（2）选择实验材料　根据实验主题和文献报道，可选择植物材料（如牛蒡、海带、甘薯、萝卜、玉米须、银杏叶等）或真菌（如银耳、金针菇等）作为实验材料。

(3)构思实验方案

①多糖的提取:可根据多糖溶于水而不溶于醇等有机溶剂的特点,采用热水浸提后用乙醇沉淀的方法,对多糖进行提取。该方法对仪器和试剂的要求较低,而且操作简单易行。在选取提取方法的同时,可选用正交试验等方法,考察浸提温度、时间、料液比等因素对多糖提取的影响,优化多糖提取工艺。如果条件允许,可对多种常用多糖提取方法进行比较研究。

②多糖的纯化:根据实验要求,可选用适合的方法,先脱除多糖提取液中的非多糖组分,再利用多糖的特点和性质对多糖组分进行分离和纯化。

③多糖的含量测定:实验室主要使用苯酚-硫酸法、蒽酮法等。苯酚-硫酸试剂主要用于甲基化的糖、戊糖和多聚糖的测定,与糖类反应产生黄橙色。根据单糖组成的不同在480～490 nm处有最大吸收,其中,戊糖和糖醛酸的最大吸收在480 nm,己糖的最大吸收在490 nm ,全部糖类都可以参加反应。蒽酮-硫酸试剂与糖类反应产生蓝绿色,在620～625 nm处有最大光吸收,参与反应的糖类主要是己糖。制作标准曲线宜用相应的标准多糖。对杂多糖,分析结果可根据各单糖的组成比及主要组分单糖的标准曲线的校正系数进行计算。

④多糖组成的鉴定分析:可将多糖完全酸水解成单糖,再用纸层析法、薄层层析法等鉴定。以标准单糖为对照,用合适的溶剂展开,特异的显色剂显色,与标准品的斑点颜色及 R_f 值比较进行定性鉴定,或将斑点洗脱下来,用常用的微量分析方法进行定量测定。方法适用于对多糖组分的初步分离和鉴定,操作简单易行,成本低廉,一般的实验室均可完成。

四、实验要求

(1)广泛查阅文献和资料,了解实验项目目前的研究状态。

(2)提交实验可行性报告,包括:

①实验原理。

②实验材料选择的依据。

③实验操作步骤的设计及其依据。

④实验器材的选择及使用方法。

⑤实验试剂的准备及配制方法。

⑥实验主要注意事项。

⑦预期实验结果。

(3)经实验指导老师确认实验设计的可行性后,分小组自行准备实验仪器设备,提前准备提取多糖的试验材料,配制相关试剂。

(4)独立完成实验操作。

(5)撰写实验报告,内容包括:

①实验题目、组员姓名、班级、指导老师姓名等。

②实验原理。

③实验材料与方法。

④实验结果与分析：根据实验数据绘制图表，进行必要的统计分析，讨论并确定试验材料中多糖的最佳提取工艺；对实验提取多糖的组成成分进行分析鉴定。

⑤问题与讨论：多糖多种常用提取方法的优缺点与适用范围是什么？你对多糖产品的开发有何设想？

⑥参考资料。

附　　录

附录一　实验室常用酸碱溶液的配制

类别	名称	化学式	物质的量浓度/(mol/L)	配制方法
常用酸溶液	盐酸	HCl	12	密度为 1.19 g/mL 的浓盐酸
			8	666.7 mL 12 mol/L 盐酸，加水稀释至 1 000 mL
			6	12 mol/L 盐酸，加等体积水稀释
			2	167 mL 12 mol/L 浓盐酸，加水稀释至 1 000 mL
			1	84 mL 12 mol/L 浓盐酸，加水稀释至 1 000 mL
	硫酸	H_2SO_4	18	密度为 1.84 g/mL 的浓硫酸
			6	332 mL 18 mol/L 浓硫酸，加水稀释至 1 000 mL
			3	166 mL 18 mol/L 浓硫酸，加水稀释至 1 000 mL
			1	56 mL 18 mol/L 浓硫酸，加水稀释至 1 000 mL
	硝酸	HNO_3	16	密度为 1.42 g/mL 的浓硝酸
			6	380 mL 16 mol/L 浓硝酸，加水稀释至 1 000 mL
			3	190 mL 16 mol/L 浓硝酸，加水稀释至 1 000 mL
			2	127 mL 16 mol/L 浓硝酸，加水稀释至 1 000 mL
	乙酸	HAc	17	密度为 1.05 g/mL 的乙酸
			6	353 mL 17 mol/L 乙酸，加水稀释至 1 000 mL
			2	118 mL 17 mol/L 乙酸，加水稀释至 1 000 mL
			1	57 mL 17 mol/L 乙酸，加水稀释至 1 000 mL
	酒石酸	$H_2C_4H_4O_6$	饱和	将酒石酸溶于水中，使其饱和
常用碱溶液	氢氧化钠	$NaOH$	6	240 g 氢氧化钠溶于水中，冷却后稀释至 1 000 mL
			2	80 g 氢氧化钠溶于水中，冷却后稀释至 1 000 mL
			1	40 g 氢氧化钠溶于水中，冷却后稀释至 1 000 mL
	氢氧化钾	KOH	1	56 g 氢氧化钾溶于水中，冷却后稀释至 1 000 mL
	氨水	$NH_3 \cdot H_2O$	15	密度为 0.9 g/mL 的氨水
			6	400 mL 15 mol/L 氨水，加水稀释至 1 000 mL
			3	200 mL 15 mol/L 氨水，加水稀释至 1 000 mL
			1	67 mL 15 mol/L 氨水，加水稀释至 1 000 mL

附录二　实验室常用酸碱指示剂

名称	变色 pH 范围	酸性色	碱性色	质量浓度/%	溶剂	100 mL 指示剂需 0.1 mol/L 氢氧化钠/mL
间甲酚紫	1.2～2.8	红	黄	0.04	稀碱	1.05
麝香草酚蓝	1.2～2.8	红	黄	0.04	稀碱	0.86
溴酚蓝	3.0～4.6	黄	紫	0.04	稀碱	0.6
甲基橙	3.1～4.4	红	黄	0.02	水	—
溴甲酚绿	3.8～5.4	黄	蓝	0.04	稀碱	0.58
甲基红	4.2～6.2	粉红	黄	0.10	50%乙醇	—
溴甲酚紫	5.2～6.8	黄	紫	0.04	稀碱	0.74
溴麝香草酚蓝	6.0～7.6	黄	蓝	0.04	稀碱	0.64
酚红	6.4～8.2	黄	红	0.02	稀碱	1.13
甲酚红	7.2～8.8	黄	红	0.04	稀碱	1.05
间甲酚紫	7.4～9.0	黄	紫	0.04	稀碱	1.05
麝香草酚蓝	8.0～9.2	黄	蓝	0.04	稀碱	0.86
酚酞	8.2～10.0	无色	红	0.10	50%乙醇	—
麝香草酚酞	8.8～10.5	无色	蓝	0.10	50%乙醇	—

附录三　实验室常用缓冲溶液

1. 甘氨酸-盐酸缓冲液(0.05 mol/L)

X mL 0.2 mol/L 甘氨酸+Y mL 0.2 mol/L 盐酸，再加水稀释至 100 mL。

pH	X/mL	Y/mL	pH	X/mL	Y/mL
2.2	50	44.0	3.0	50	11.4
2.4	50	32.4	3.2	50	8.2
2.6	50	24.2	3.4	50	6.4
2.8	50	16.8	3.6	50	5.0

甘氨酸相对分子质量=75.07。0.2 mol/L 甘氨酸溶液为 15.01 g/L。

2. 邻苯二甲酸-盐酸缓冲液(0.05 mol/L)

X mL 0.2 mol/L 邻苯二甲酸氢钾+Y mL 0.2 mo/L 盐酸，再加水稀释至 20 mL。

pH(20 ℃)	X/mL	Y/mL	pH(20 ℃)	X/mL	Y/mL
2.2	5	4.670	3.2	5	1.470
2.4	5	3.960	3.4	5	0.990
2.6	5	3.295	3.6	5	0.597
2.8	5	2.642	3.8	5	0.263
3.0	5	2.032			

邻苯二甲酸氢钾相对分子质量=204.23。0.2 mol/L 邻苯二甲酸氢钾溶液为 40.85 g/L。

3. 磷酸氢二钠-柠檬酸缓冲液

pH	0.2 mol/L Na_2HPO_4/mL	0.1 mol/L 柠檬酸/mL	pH	0.2 mol/L Na_2HPO_4/mL	0.1 mol/L 柠檬酸/mL
2.2	0.40	19.60	3.6	6.44	13.56
2.4	1.24	18.76	3.8	7.10	12.90
2.6	2.18	17.82	4.0	7.71	12.29
2.8	3.17	16.83	4.2	8.28	11.72
3.0	4.11	15.89	4.4	8.82	11.18
3.2	4.94	15.06	4.6	9.35	10.65
3.4	5.70	14.30	4.8	9.86	10.14

续表

pH	0.2 mol/L Na_2HPO_4/mL	0.1 mol/L 柠檬酸/mL	pH	0.2 mol/L Na_2HPO_4/mL	0.1 mol/L 柠檬酸/mL
5.0	10.30	9.70	6.6	14.55	5.45
5.2	10.72	9.28	6.8	15.45	4.55
5.4	11.15	8.85	7.0	16.47	3.53
5.6	11.60	8.40	7.2	17.39	2.61
5.8	12.09	7.91	7.4	18.17	1.83
6.0	12.63	7.37	7.6	18.73	1.27
6.2	13.22	6.78	7.8	19.15	0.85
6.4	13.85	6.15	8.0	19.45	0.55

Na_2HPO_4 相对分子质量＝141.98；0.2 mol/L 溶液为 28.40 g/L。

$Na_2HPO_4 \cdot 2H_2O$ 相对分子质量＝178.05；0.2 mol/L 溶液为 35.61 g/L。

$Na_2HPO_4 \cdot 12H_2O$ 相对分子质量＝358.22；0.2 mol/L 溶液为 71.64 g/L。

$C_6H_8O_7 \cdot H_2O$ 相对分子质量＝210.14；0.1 mol/L 溶液为 21.01 g/L。

4. 柠檬酸-氢氧化钠-盐酸缓冲液

pH	钠离子浓度/(mol/L)	柠檬酸 ($C_6H_8O_7 \cdot H_2O$)/g	氢氧化钠/g	盐酸(浓)/mL	最终体积/L
2.2	0.20	210	84	160	10
3.1	0.20	210	83	116	10
3.3	0.20	210	83	106	10
4.3	0.20	210	83	45	10
5.3	0.35	245	144	68	10
5.8	0.45	285	186	105	10
6.5	0.38	266	156	126	10

此缓冲液使用时可以每 1 000 mL 中加入 1 g 酚，若最后 pH 有变化，再用少量 50% 氢氧化钠溶液或浓盐酸调节，冰箱保存。

5. 柠檬酸-柠檬酸三钠缓冲液(0.1 mol/L)

pH	0.1 mol/L 柠檬酸/mL	0.1 mol/L 柠檬酸三钠/mL	pH	0.1 mol/L 柠檬酸/mL	0.1 mol/L 柠檬酸三钠/mL
3.0	18.6	1.4	3.4	16.0	4.0
3.2	17.2	2.8	3.6	14.9	5.1

续表

pH	0.1 mol/L 柠檬酸/mL	0.1 mol/L 柠檬酸三钠/mL	pH	0.1 mol/L 柠檬酸/mL	0.1 mol/L 柠檬酸三钠/mL
3.8	14.0	6.0	5.4	6.4	13.6
4.0	13.1	6.9	5.6	5.5	14.5
4.2	12.3	7.7	5.8	4.7	15.3
4.4	11.4	8.6	6.0	3.8	16.2
4.6	10.3	9.7	6.2	2.8	17.2
4.8	9.2	10.8	6.4	2.0	18.0
5.0	8.2	11.8	6.6	1.4	18.6
5.2	7.3	12.7			

柠檬酸：$C_6H_8O_7 \cdot H_2O$ 相对分子质量=210.14；0.1 mol/L 溶液为 21.01 g/L。

柠檬酸三钠：$Na_3C_6H_5O_7 \cdot 2H_2O$ 相对分子质量=294.12；0.1 mol/L 溶液为 29.41 g/L。

6. 乙酸-乙酸钠缓冲液（0.2 mol/L）

pH（18 ℃）	0.2 mol/L NaAc/mL	0.2 mol/L HAc/mL	pH（18 ℃）	0.2 mol/L NaAc/mL	0.2 mol/L HAc/mL
3.6	0.75	9.35	4.8	5.90	4.10
3.8	1.20	8.80	5.0	7.00	3.00
4.0	1.80	8.20	5.2	7.90	2.10
4.2	2.65	7.35	5.4	8.60	1.40
4.4	3.70	6.30	5.6	9.10	0.90
4.6	4.90	5.10	5.8	9.40	0.60

$NaAc \cdot 3H_2O$ 相对分子质量=136.09；0.2 mol/L 溶液为 27.22 g/L。

冰乙酸 11.8 mL 稀释至 1 000 mL（需标定）。

7. 磷酸二氢钾-氢氧化钠缓冲液（0.05 mol/L）

X mL 0.2 mol/L KH_2PO_4 + Y mL 0.2 mol/L NaOH 加水稀释至 20 mL。

pH（20 ℃）	X/mL	Y/mL	pH（20 ℃）	X/mL	Y/mL
5.8	5	0.372	7.0	5	2.963
6.0	5	0.570	7.2	5	3.500
6.2	5	0.860	7.4	5	3.950
6.4	5	1.260	7.6	5	4.280
6.6	5	1.780	7.8	5	4.520
6.8	5	2.365	8.0	5	4.680

8. 磷酸盐缓冲液

(1)磷酸氢二钠-磷酸二氢钠缓冲液(0.2 mol/L)

pH	0.2 mol/L Na_2HPO_4/mL	0.2 mol/L NaH_2PO_4/mL	pH	0.2 mol/L Na_2HPO_4/mL	0.2 mol/L NaH_2PO_4/mL
5.8	8.0	92.0	7.0	61.0	39.0
5.9	10.0	90.0	7.1	67.0	33.0
6.0	12.3	87.7	7.2	72.0	28.0
6.1	15.0	85.0	7.3	77.0	23.0
6.2	18.5	81.5	7.4	81.0	19.0
6.3	22.5	77.5	7.5	84.0	16.0
6.4	26.5	73.5	7.6	87.0	13.0
6.5	31.5	68.5	7.7	89.5	10.5
6.6	37.5	62.5	7.8	91.5	8.5
6.7	43.5	56.5	7.9	93.0	7.0
6.8	49.0	51.0	8.0	94.7	5.3
6.9	55.0	45.0			

$Na_2HPO_4 \cdot 2H_2O$ 相对分子质量=178.05;0.2 mol/L 溶液为 35.61 g/L。

$Na_2HPO_4 \cdot 12H_2O$ 相对分子质量=358.22;0.2 mol/L 溶液为 71.64 g/L。

$NaH_2PO_4 \cdot H_2O$ 相对分子质量=138.01;0.2 mol/L 溶液为 27.6 g/L。

$NaH_2PO_4 \cdot 2H_2O$ 相对分子质量=156.03;0.2 mol/L 溶液为 31.21 g/L。

(2)磷酸氢二钠-磷酸二氢钾缓冲液($\frac{1}{15}$ mol/L)

pH	$\frac{1}{15}$ mol/L Na_2HPO_4/mL	$\frac{1}{15}$ mol/L KH_2PO_4/mL	pH	$\frac{1}{15}$ mol/L Na_2HPO_4/mL	$\frac{1}{15}$ mol/L KH_2PO_4/mL
4.92	0.10	9.90	7.17	7.00	3.00
5.29	0.50	9.50	7.38	8.00	2.00
5.91	1.00	9.00	7.73	9.00	1.00
6.24	2.00	8.00	8.04	9.50	0.50
6.47	3.00	7.00	8.34	9.75	0.25
6.64	4.00	6.00	8.67	9.90	0.10
6.81	5.00	5.00	8.18	10.00	0
6.98	6.00	4.00			

$Na_2HPO_4 \cdot 2H_2O$ 相对分子质量＝178.05；$\frac{1}{15}$ mol/L 溶液为 11.876 g/L。

KH_2PO_4 相对分子质量＝136.09；$\frac{1}{15}$ mol/L 溶液为 9.078 g/L。

9. 巴比妥钠-盐酸缓冲液

pH (18 ℃)	0.04 mol/L 巴比妥钠/mL	0.2 mol/L HCl/mL	pH (18 ℃)	0.04 mol/L 巴比妥钠/mL	0.2 mol/L HCl/mL
6.8	100	18.4	8.4	100	5.21
7.0	100	17.8	8.6	100	3.82
7.2	100	16.7	8.8	100	2.52
7.4	100	15.3	9.0	100	1.65
7.6	100	13.4	9.2	100	1.13
7.8	100	11.47	9.4	100	0.70
8.0	100	9.39	9.6	100	0.35
8.2	100	7.21			

巴比妥钠相对分子质量＝206.18；0.04 mol/L 溶液为 8.25 g/L。

10. Tris-HCl 缓冲液（0.05 mol/L）

50 mL 0.1 mol/L 三羟甲基氨基甲烷（Tris）溶液与 X mL 0.1 mol/L 盐酸混匀后，加水稀释至 100 mL。

pH(25 ℃)	X/mL	pH(25 ℃)	X/mL
7.10	45.7	8.10	26.2
7.20	44.7	8.20	22.9
7.30	43.4	8.30	19.9
7.40	42.0	8.40	17.2
7.50	40.3	8.50	14.7
7.60	38.5	8.60	12.4
7.70	36.6	8.70	10.3
7.80	34.5	8.80	8.5
7.90	32.0	8.90	7.0
8.00	29.2		

Tris 相对分子质量＝121.14；0.1 mol/L 溶液为 12.114 g/L。Tris 溶液可从空气中吸收二氧化碳，使用时注意将瓶盖盖严。

11. 硼酸-硼砂缓冲液(0.2 mol/L 硼酸根)

pH	0.05 mol/L 硼砂/mL	0.2 mol/L 硼酸/mL	pH	0.05 mol/L 硼砂/mL	0.2 mol/L 硼酸/mL
7.4	1.0	9.0	8.2	3.5	6.5
7.6	1.5	8.5	8.4	4.5	5.5
7.8	2.0	8.0	8.7	6.0	4.0
8.0	3.0	7.0	9.0	8.0	2.0

硼砂:$Na_2B_4O_7 \cdot 10H_2O$ 相对分子质量=381.43;0.05 mol/L 溶液(等于 0.2 mol/L 硼酸根)含 19.07 g/L。

硼酸:H_3BO_3 相对分子质量=61.84;0.2 mol/L 溶液为 12.37 g/L。

硼砂易失去结晶水,必须在带塞的瓶中保存。

12. 甘氨酸-氢氧化钠缓冲液(0.05 mol/L)

X mL 0.2 mol/L 甘氨酸+Y mL 0.2 mol/L NaOH 加水稀释至 200 mL。

pH	X/mL	Y/mL	pH	X/mL	Y/mL
8.6	50	4.0	9.6	50	22.4
8.8	50	6.0	9.8	50	27.2
9.0	50	8.8	10.0	50	32.0
9.2	50	12.0	10.4	50	38.6
9.4	50	16.8	10.6	50	45.5

甘氨酸相对分子质量=75.07;0.2 mol/L 溶液为 15.01 g/L。

13. 硼砂-氢氧化钠缓冲液(0.05 mol/L 硼酸根)

X mL 0.05 mol/L 硼砂+Y mL 0.2 mol/L NaOH 加水稀释至 200 mL。

pH	X/mL	Y/mL	pH	X/mL	Y/mL
9.3	50	6.0	9.8	50	34.0
9.4	50	11.0	10.0	50	43.0
9.6	50	23.0	10.1	50	46.0

硼砂 $Na_2B_4O_7 \cdot 10H_2O$ 相对分子质量=381.43;0.05 mol/L 硼砂溶液(等于 0.2 mol/L 硼酸根)为 19.07 g/L。

14. 硼砂-盐酸缓冲液(0.05 mol/L 硼酸根)

50 mL 0.025 mol/L 硼砂溶液与 X mL 0.1 mol/L 盐酸混匀后加水稀释到 100 mL。

pH	X/mL	pH	X/mL	pH	X/mL
8.0	20.5	8.4	16.6	8.8	9.4
8.10	19.7	8.5	15.2	8.9	7.1
8.20	18.8	8.6	13.5	9.0	4.6
8.30	17.7	8.7	11.6	9.1	2.0

$Na_2B_4O_7 \cdot 10H_2O$ 相对分子质量=381.43;0.025 mol/L 硼砂溶液(等于 0.1 mol/L 硼酸根)为 9.53 g/L。

15. 碳酸钠-碳酸氢钠缓冲液(0.1 mol/L)(此缓冲液在 Ca^{2+}、Mg^{2+} 存在时不得使用)

pH		0.1 mol/L Na_2CO_3/mL	0.1 mol/L $NaHCO_3$/mL
20 ℃	37 ℃		
9.16	8.77	1	9
9.40	9.12	2	8
9.51	9.40	3	7
9.78	9.50	4	6
9.90	9.72	5	5
10.14	9.90	6	4
10.28	10.08	7	3
10.53	10.28	8	2
10.83	10.57	9	1

$Na_2CO_3 \cdot 10H_2O$ 相对分子质量=286.2;0.1 mol/L 溶液为 28.62 g/L。

$NaHCO_3$ 相对分子质量=84.0;0.1 mol/L 溶液为 8.40 g/L。

附录四　常用蛋白质相对分子质量标准参照物

高相对分子质量标准参照物		中相对分子质量标准参照物		低相对分子质量标准参照物	
蛋白质	M_r	蛋白质	M_r	蛋白质	M_r
肌球蛋白	212 000	磷酸化酶 B	97 400	碳酸酐酶	31 000
β-半乳糖苷酶	116 000	牛血清清蛋白	66 200	大豆胰蛋白酶制剂	21 500
磷酸化酶 B	97 400	谷氨酸脱氢酶	55 000	马心肌球蛋白	16 900
牛血清清蛋白	66 200	卵清蛋白	42 700	溶菌酶	14 400
过氧化氢酶	57 000	醛缩酶	40 000	肌球蛋白(F1)	8 100
醛缩酶	40 000	碳酸酐酶	31 000	肌球蛋白(F2)	6 200
		大豆胰蛋白酶抑制剂	21 500	肌球蛋白(F3)	2 500
		溶菌酶	14 400		

附录五　常见蛋白质相对分子质量参考值

蛋白质	相对分子质量
血清白蛋白(人)[serum albumin(human)]	68 000
血清白蛋白(牛) [serum albumin(bovine)]	67 000
过氧化氢酶[catalase]	232 000(4)
谷氨酸脱氢酶[glutamate dehydrogenase]	320 000
卵清蛋白(鸡)[ovalbumin(hen)]	43 000
甘油醛磷酸脱氢酶[glyceraldehydes phosphate dehydrogenase]	72 000(2)
胃蛋白酶(猪)[pepsin]	35 000
胰凝乳蛋白酶原[chymotrypsinogen]	25 700
胰蛋白酶[trypsin]	23 300
肌红蛋白[myoglobin]	17 200
血红蛋白[hemoglobin]	64 500(4)
核糖核酸酶[ribonuclease]	13 700
细胞色素 C[cytochrome C]	13 370
胰岛素[insulin]	11 466(2)
α-淀粉酶[α-amylase]	50 000(2)
琥珀酸脱氢酶[saccinate dehydrogenase]	97 000(2)(70 000,27 000)
脲酶[urease]	480 000(5)[240 000(2),83 000(3)]

附录六　常见蛋白质等电点参考值

蛋白质	等电点
血清白蛋白[serum albumin]	4.7～4.9
α-酪蛋白[α-casein]	4.0～4.1
β-酪蛋白[β-casein]	4.5
γ-酪蛋白[γ-casein]	5.8～6.0
κ-酪蛋白[κ-casein]	4.1
β-乳球蛋白[β-lactoglobulin]	5.1～5.3
肌红蛋白[myoglobin]	6.99
血红蛋白(人)[hemoglobin(human)]	7.07
血红蛋白(鸡)[hemoglobin(hen)]	7.23
血红蛋白(马)[hemoglobin(horse)]	6.92
细胞色素 C[cytochrome C]	9.8～10.0
胃蛋白酶 [pepsin]	1.0
糜蛋白酶[chymotrypsin]	8.1

附录七　硫酸铵饱和度常用表

1. 调整硫酸铵溶液饱和度计算表(25 ℃)

		硫酸铵终质量浓度，饱和度/%																
		10	20	25	30	33	35	40	45	50	55	60	65	70	75	80	90	100
		每 1 000 mL 溶液加固体硫酸铵的质量/g*																
硫酸铵初质量浓度，饱和度/%	0	56	114	114	176	196	209	243	277	313	351	390	430	472	516	561	662	767
	10		57	86	118	137	150	183	216	251	288	326	365	406	449	494	592	694
	20			29	59	78	81	123	155	189	225	262	300	340	382	424	520	619
	25				30	49	61	93	125	158	193	230	267	307	348	390	485	583
	30					19	30	62	94	127	162	198	235	273	314	356	449	546
	33						12	43	74	107	142	177	214	252	292	333	426	522
	35							31	63	94	129	164	200	238	278	319	411	506
	40								31	63	97	132	168	205	245	285	375	469
	45									32	65	99	134	171	210	250	339	431
	50										33	66	101	137	176	214	302	392
	55											33	67	103	141	179	264	353
	60												34	69	105	143	227	314
	65													34	70	107	190	275
	70														35	72	153	237
	75															36	115	198
	80																77	157
	90																	79

* 在 25 ℃下，硫酸铵溶液由初浓度调到终浓度时，每 1 000 mL 溶液所加固体硫酸铵的质量(g)。

2. 调整硫酸铵溶液饱和度计算表(0 ℃)

硫酸铵初质量浓度,饱和度/%	硫酸铵终质量浓度,饱和度/%																
	20	25	30	35	40	45	50	55	60	65	70	75	80	85	90	95	100
	每 100 mL 溶液加固体硫酸铵的质量/g*																
0	10.6	13.4	16.4	19.4	22.6	25.8	29.1	32.6	36.1	39.8	43.6	47.6	51.6	55.9	60.3	65	69.7
5	7.9	10.8	13.7	16.6	19.7	22.9	26.2	29.6	33.1	36.8	40.5	44.4	48.4	52.6	57	61.5	66.2
10	5.3	8.1	10.9	13.9	16.9	20	23.3	26.6	30.1	33.7	37.4	41.2	45.2	49.3	53.6	58.1	62.7
15	2.6	5.4	8.2	11.1	14.1	17.2	20.4	23.7	27.1	30.6	34.3	38.1	42	46	50.3	54.7	59.2
20		2.7	5.5	8.3	11.3	14.3	17.5	20.7	24.1	27.6	31.2	34.9	38.7	42.7	46.9	51.2	55.7
25			2.7	5.6	8.4	11.5	14.6	17.9	21.1	24.5	28	31.7	35.5	39.5	43.6	47.8	52.2
30				2.8	5.6	8.6	11.7	14.8	18.1	21.4	24.9	28.5	32.3	36.2	40.2	44.5	48.8
35					2.8	5.7	8.7	11.8	15.1	18.4	21.8	25.4	29.1	32.9	36.9	41	45.3
40						2.9	5.8	8.9	12	15.3	18.7	22.2	25.8	29.6	33.5	37.6	41.8
45							2.9	5.9	9	12.3	15.6	19	22.6	26.3	30.2	34.2	38.3
50								3	6	9.2	12.5	15.9	19.4	23	26.8	30.8	34.8
55									3	6.1	9.3	12.7	16.1	19.7	23.5	27.3	31.3
60										3.1	6.2	9.5	12.9	16.4	20.1	23.1	27.9
65											3.1	6.3	9.7	13.2	16.8	20.5	24.4
70												3.2	6.5	9.9	13.4	17.1	20.9
75													3.2	6.6	10.1	13.7	17.4
80														3.3	6.7	10.3	13.9
85															3.4	6.8	10.5
90																3.4	7
95																	3.5

* 在 0 ℃下,硫酸铵溶液由初浓度调到终浓度时,每 100 mL 溶液所加固体硫酸铵的质量(g)。

3. 不同温度下的饱和硫酸铵溶液

温度/℃	质量分数/%	饱和溶液物质的量浓度/(mol/L)	每1 000 g水中含硫酸铵物质的量/mol	1 000 mL水用硫酸铵饱和所需质量/g	每1 000 mL饱和溶液含硫酸铵质量/g
0	41.42	3.9	5.35	706.8	514.8
10	42.22	3.97	5.53	730.5	525.2
20	43.09	4.06	5.73	755.8	536.5
25	43.47	4.10	5.82	766.8	541.2
30	43.85	4.13	5.91	777.5	545.9

参考文献

[1] 蔡永萍，江海洋，张宽朝．生物学综合实验教程[M]. 北京：中国农业大学出版社，2020.

[2] 陈传红，黄德娟．现代生物化学实验教程[M]. 北京：化学工业出版社，2022.

[3] 陈毓荃．生物化学实验方法和技术[M]. 北京：科学出版社，2008.

[4] 冯建跃．高校实验室化学安全与防护[M]. 杭州：浙江大学出版社，2012.

[5] 郭蔼光，郭泽坤．生物化学实验技术[M]. 北京：高等教育出版社，2007.

[6] 胡琼英，秦春，陈敏．生物化学与分子生物学实验技术[M]. 3 版．北京：化学工业出版社，2014.

[7] 蒋立科，郭春绒，文汉．普通生物化学教程实验指导[M]. 北京：化学工业出版社，2009.

[8] 蒋立科，罗曼．生物化学实验设计与实践[M]. 北京：高等教育出版社，2006.

[9] 蒋立科，杨婉身．现代生物化学实验技术[M]. 北京：中国农业出版社，2003.

[10] 金青．生物化学实验指导[M]. 北京：中国农业大学出版社，2014.

[11] 李建武．生物化学实验原理和方法[M]. 北京：北京大学出版社，2000.

[12] 李建武，肖能庚，余瑞芝．生物化学实验原理和方法[M]. 北京：北京大学出版社，1994.

[13] 李俊，张冬梅，陈钧辉．生物化学实验[M]. 6 版．北京：科学出版社，2020.

[14] 魏群．基础生物化学实验[M]. 3 版．北京：高等教育出版社，2009.

[15] 杨建雄．生物化学与分子生物学实验技术教程[M]. 3 版．北京：科学出版社，2014.

[16] 曾富华．生物化学实验技术教程[M]. 北京：高等教育出版社，2011.

[17] 战广琴，钱万英．生物化学实验[M]. 北京：中国农业大学出版社，2001.

[18] 张峰，刘倩，于克学．食品生物化学实验[M]. 北京：中国轻工业出版社，2022.

[19] 张宽朝，金青．生物化学实验指导[M]. 2 版．北京：中国农业大学出版社，2019.

[20] 张丽萍，魏民，王桂云．生物化学实验指导[M]. 北京：高等教育出版社，2011.

[21] 赵永芳．生物化学技术原理及应用[M]. 5 版．北京：科学出版社，2015.

[22] 郑春龙．高校实验室生物安全技术与管理[M]. 杭州：浙江大学出版社，2013.

[23] 周楠迪，史锋．生物化学实验技术教程[M]. 北京：高等教育出版社，2011.

[24] Hans Bisswanger. 酶学实验手册[M]. 刘晓晴，译．北京：化学工业出版社，2018.